主办　中国建设监理协会

中国建设监理与咨询

中国建筑工业出版社

图书在版编目（CIP）数据

中国建设监理与咨询　11 / 中国建设监理协会主办 —北京：中国建筑工业出版社，2016.8
ISBN 978-7-112-19776-7

Ⅰ.①中…　Ⅱ.①中…　Ⅲ.①建筑工程—监理工作—研究—中国
Ⅳ.①TU712

中国版本图书馆CIP数据核字（2016）第213578号

责任编辑：焦　阳
责任校对：李美娜　张　颖

中国建设监理与咨询　11

主办　中国建设监理协会

*

中国建筑工业出版社出版、发行（北京西郊百万庄）
各地新华书店、建筑书店经销
北 京 嘉 泰 利 德 公 司 制 版
北京缤索印刷有限公司印刷

*

开本：880×1230毫米　1/16　印张：$7^1/_4$　字数：231千字
2016年8月第一版　2016年8月第一次印刷
定价：35.00元
ISBN 978-7-112-19776-7
（29337）

编辑部

地址：北京海淀区西四环北路 158 号
慧科大厦东区 10B

邮编：100142

电话：（010）68346832

传真：（010）68346832

E-mail：zgjsjlxh@163.com

中国建设监理与咨询

目录 CONTENTS

■ 行业动态

■ 政策法规

■ 本期焦点：工程监理企业信息化管理与 BIM 应用经验交流会在内蒙古召开

■ 监理论坛

北京市建设监理协会召开五届五次常务理事会

2016 年 5 月 29 日，北京市监理协会召开五届五次常务理事会，中国建设监理协会副秘书长温健、北京市住建委质量处正处级调研员于扬到会并讲话，市监理协会会长李伟、常务副会长张元勃等 42 位常务理事及协会秘书处工作人员共计 51 人参加会议。

张元勃常务副会长主持会议。李伟会长汇报了地方标准和课题的研究情况，以及协会近期工作。张元勃常务副会长发布了《建筑工程资料管理规程》和《建设工程见证取样实施指南》的研究情况。

会议期间，与会代表对“监理规程”“资料规程”“监理资质”“入围名录”“监理行业专家”“职称评定”“20 年庆典”等议题进行了充分的讨论，大家畅所欲言，部分常务理事发表了有针对性的意见和建议。

市住建委质量处于扬同志通报了 2016 年质量处的主要工作：出台专业监理工程师管理办法；建立全市工程监理监督管理服务平台；一年两次对监理项目进行联合检查；对驻场监理工作进行检查，推动保障房结构工程质量。要求监理单位加强对监理统计报表的上报，对不参加的企业和不达标的企业将进行针对性检查；提高基层监理人员技术管理水平，为首都建设工程作贡献。

中国建设监理协会温健秘书长通报了中国监理协会的工作情况和住建部有关文件精神，指出质量问题说到底是民生问题，过程监管一定要到位，各监理企业要加强过程控制，保障工程质量。协会还要求北京市监理单位密切关注住建部网站，关注动态监管平台，对有关征求意见文件要及时提交意见和建议，反映监理行业呼声。温健秘书长高度赞扬市监理协会召开的常务理事会工作踏实，成果显著。

最后，张元勃常务副会长总结梳理了常务理事会的主要议题，会议通过充分讨论、交流、沟通信息，达到预期效果，取得圆满成功。

（张宇红　提供）

福建省要求将劳务用工、工资支付有关要求纳入监理合同并实施监督

日前，《福建省人民政府办公厅关于全面治理拖欠农民工工资问题的实施意见》（闽政办〔2016〕88 号）于 2016 年 6 月 1 日颁布实施。《实施意见》通过建立健全工资支付保障制度、加强对欠薪违法行为的打击和约束、全面开展创建“无欠薪项目部”活动、改进工程建设领域工程款支付管理和用工形式、落实工资支付及监管各方责任等五项创新举措，强化问责，力争实现到 2020 年基本无拖欠目标。

解决拖欠农民工工资问题，抓好企业主体责任是根本。《意见》明确各类企业须依法与招用的农民工订立劳动合同。在工程建设领域，施工总承包企业不得以工程款未到位等为由克扣或拖欠农民工工资。对拖欠工程款导致分包企业拖欠农民工工资的，由建设单位或施工总承包企业先行垫付农民工工资；对未依法兑现工资导致拖欠农民工工资的，由建设单位或施工总承包企业承担清偿责任。

《实施意见》推行工程款支付担保制度；探索建立建设项目抵押偿付制度，有效解决拖欠工程款问题。对长期拖延工程款结算或拖欠工程款的建设单位，有关部门不得批准

其新项目开工建设。政府投资工程项目应将按月足额支付农民工工资写入招标文件，并将该条款列为评标标准；同时，将劳务用工、工资支付有关要求纳入监理合同，要求工程监理单位实施监督。

2015年起，福建省在政府投资工程项目及新建一些建设施工项目开展创建无欠薪项目部活动，至今400多个建设施工项目没有发生一例恶意欠薪事件，这一做法得到国家人社部的积极肯定，并在全国推广。

（林杰　提供）

浙江省建设工程监理管理协会组织嘉兴党课教育活动

在中国共产党建党95周年到来之际，浙江省建设工程监理管理协会党建联络组为配合“两学一做”宣传教育，促进全省建设监理行业党建工作健康发展，在嘉兴组织了“重走一大路”党课教育活动。来自全省监理企业党组织负责人等三十多名代表参加了这次活动。

作为这次活动的重点，代表们在嘉兴市委党校接受了题为“弘扬红船精神、争做合格党员”的党课教育。授课老师对于如何正确认识中国共产党成立的历史必然性，以及“一大”南湖会议在党的创建中的历史地位作了深刻的论述，尤其是讲述了党的创始人不惧艰辛、甘心牺牲一切的那种坚定的理想信念，深深地感染了全体听课的党员。

在课堂发言中，代表们结合实际谈体会，表示要进一步强化宗旨观念，勇于担当作为，并就企业基层党组织建设以及如何发挥党员先锋模范作用，保障企业中心工作开展交流了经验体会。

作为党课教育组成部分，代表们参加了由嘉兴市委党校组织的“重走一大路”活动，沿着当年“一大”代表到嘉兴开会的路线，来到南湖瞻仰“红船”；还参观了“南湖革命纪念馆”，并在这里重温入党誓言，当大家庄严地举起紧握的右手，在协会党建联络组负责人章钟同志带领下宣誓时，作为共产党员的使命感和责任感油然而生。大家纷纷表示，这次党课教育在嘉兴南湖进行，使大家有一种身临其境的感觉，印象特别深刻，是一次触动思想、净化心灵的“精神补钙”。

这次协会党建联络组嘉兴党课教育活动，对于激发我省建设监理行业党组织和党员提高党性觉悟，增强政治意识、大局意识，树立清风正气，严守政治规矩将起到积极的作用。今后，协会党建联络组还将继续重视这方面的工作，以全方位、多渠道增强协会的凝聚力，更有效地发挥协会的作用。

（徐伟民　提供）

山西省部分监理企业领导赴陕西考察学习

为提高山西省监理队伍素质，应企业要求，经联系，山西省建设监理协会组织部分监理企业领导一行 14 人于 2016 年 5 月 30 日 ~6 月 2 日赴陕西考察学习。陕西省建设监理协会和四家大型监理企业围绕信息化、项目管理、诚信自律、企业文化等方面作了很好的交流。中监协副会长、陕西省监理协会会长商科介绍《关于对全省监理企业项目现场履职的调研情况》；永明项目管理有限公司总工刘树东介绍“走创新之路 做行业马云”；兵器建设监理咨询有限公司总经理杨玉祥介绍“经营与监理服务标准化管理经验”；西安高新建设监理有限责任公司董事长范中东介绍“文化引领精细管理推动公司精益发展”；华春建设工程项目管理有限责任公司主任杜蕾介绍“华春管理创新及党建工作亮点”等。并实地考察了永明项目管理有限公司互联网信息化系统和陕西兵器建设监理咨询有限公司监理的 3 号地铁项目现场。

通过交流学习和实地考察，山西省考察人员一致感到：不虚此行，受益匪浅，大开眼界，纷纷表示，向陕西监理学习，把陕西监理的好经验应用到山西省工程建设监理中。

（郑丽丽　提供）

贵州省建设监理协会召开第四届会员代表大会

贵州省建设监理协会于 4 月 15 日在贵阳市隆重召开第四届会员代表大会。省住房城乡建设厅党组成员、总工程师毛方益应邀出席并讲话；厅建管处周平忠副处长、省质量安全协会秘书长李国海以及协会领导、会员单位代表共 170 多人参加了本次会议。中国建设监理协会为大会发来了贺信，贺信中肯定了贵州省建设监理协会在建设监理宣传、业务培训、反映诉求、维护权益等方面取得的成绩，指出了协会新一届理事会的工作方向。向本次大会发来贺信的还有江苏、陕西、湖南、重庆、云南、宁夏、青海、苏州等省市监理协会。

会议秘书长、代会长杨国华代表三届理事会作《贵州省建设监理协会第三届理事会工作报告》，报告从三届理事会认真履行行业协会职责；协助政府做好行业管理工作；坚持为行业和会员单位服务；加强行业自律管理，规范企业服务行为；组织对外交流学习，推动我省监理行业发展；抓好人才培训工作；加强协会自身建设等七个方面总结了协会四年来的工作情况。付涛副会长代表三届理事会作财务报告。与会代表审议并通过了三届理事会的工作报告及财务报告。协会监事周敬作了《三届理事会监事工作报告》。

大会举行了换届选举。审议并通过了换届工作方案及换届选举办法，以投票表决的方式选出了协会新一届理事会理事共 62 名。

大会审议并通过了《贵州省建设监理协会章程（修订稿）》和《贵州省建设工程行业自律公约（修订稿）》。

随后召开了第四届一次理事会，选举了新一届常务理事、会长、副会长及秘书长。审议并通过了三届第九次常务理事会提交的《贵州省建设监理协会2016年工作计划》。大会复会后，新任秘书长汤斌宣布了理事会选举结果，并通报了协会2016年工作计划。

新任会长杨国华表示新一届领导班子要在上届理事会的高起点上继续努力工作，要加强协会自身建设，切实履行职责，虚心听取会员单位的意见和建议，保持与会员单位的及时沟通，促进行业整体水平的提高，促进监理人员素质提高，为贵州省监理行业的发展作出新的贡献。

（高汝扬 提供）

武汉建设监理协会第五届一次会员大会隆重召开

2016年5月31日，武汉建设监理协会第五届第一次会员大会在武汉会议中心汉江厅隆重召开。来自武汉建设监理行业的137家会员企业共200余位代表参加了会议。大会还特邀中国建设监理协会副会长王学军，武汉市城建委党组成员、副主任夏平，武汉市民政局社会组织管理处副处长陈昌毅，武汉市城建委质安处副处长谢卫华，武汉市建设工程安全监督站副站长熊威，湖北省建设监理协会理事长刘治栋，武汉建筑行业联席会秘书长，武汉建设工程造价管理协会会长汪国刚以及武汉建设行业10余家兄弟协会会长、秘书长出席本次会议。

本次大会由副会长杨泽尘主持。按照大会议程，汪成庆会长首先作了《精进作为 激情开拓 全力谋划行业治理新格局》的大会工作报告，监事马真作了第四届理事会监事工作报告，副会长魏庆东、秦永祥、杜富洲、夏明分别作了四届协会财务工作报告、协会章程修改案说明、协会换届工作及候选人名单产生说明、第五届一次会员大会选举办法及计票、监票人员名单等情况说明。

刘治栋理事长宣读了中国建设监理协会向本次大会发来的《贺信》，大会主持人介绍了来自全国15家省市监理协会及武汉建设行业联席会7家兄弟协会发来的贺电、贺信并代表大会向他们致谢。

本次大会表决通过了第五届一次会员大会工作报告、财务工作报告、监事工作报告和《章程修改案》；表决通过了协会第五届理事会组成成员名单、五届一次大会选举办法和监票人、计票人的提名；经过全体到会会员的投票选举及随后进行的监票、计票工作，总监票人刘华清宣布了本次大会选举产生的第五届协会监事、常务理事、副会长、监事长、会长的选举结果。汪成庆当选为五届协会会长，杜富洲当选五届协会监事长，杨泽尘、秦永祥、张自荣、夏明、程小玲、胡兴国、蔡清明当选为五届协会副会长。

本次大会是一次回顾，更是一次谋新，是一次团结的大会、鼓劲的大会、成功的大会。自此开始，行业协会将正式步入五届新时期，深信在五届协会领导班子的带领下，通过全体会员的共同努力和不懈拼搏，一定能开创本地区行业繁荣昌盛的新局面。

（陈凌云 提供）

上海市建筑市场从业人员信用档案系统日前正式启用

上海市建筑市场从业人员信用档案系统（以下简称“个人信用系统”）日前正式启用。个人信用系统将对在沪注册建筑师、注册结构工程师、注册建造师和注册监理工程师推行信用管理，并逐步推广至其他注册执业人员。

据悉，个人信用系统将对上海市建设工程企业和外省市进沪建设工程企业在沪从业的注册建筑师、注册结构工程师、注册建造师、注册监理工程师实行个人信用管理。上海市住房和城乡建设管理委员会负责该市建筑市场注册人员信用的综合管理工作。上海市住房和城乡建设管理委员会行政服务中心负责注册人员信用的日常管理工作。上海市建筑建材业市场管理总站负责注册人员信用档案在招投标环节的使用管理。

在个人信用系统中，注册人员的个人电子信用档案包含基本信息、管理类信息、其他信用信息。个人电子信用档案以个人身份证号码为唯一信用代码。信息记录按照城乡住房建设部《全国建筑市场注册人员不良行为记录认定标准（试行）》和上海市信用信息标准记录。注册人员的个人电子信用档案通过市住房建设管理委网站公开和查询。注册人员的个人电子信用档案分个人查询和公众查询。个人查询用于本人查询个人信用信息和制作相关信用情况报告。公众查询用于社会公众查询应公开的个人信用信息，公开信息主要包括个人的资格、业绩、获奖和处罚等信用信息。

上海市规定，该市建设工程招标文件中应当明确投标人提供项目负责人《个人信用档案概要情况》。《个人信用档案概要情况》由本人通过个人信用系统制作电子版或打印件。招标人或评标专家委员会应当按照招标文件规定，使用《个人信用档案概要情况》的信息，判断其信用和承接项目状况是否符合招标文件要求。在非招标的项目发承包中，发包人可参考使用《个人信用档案概要情况》，判断其信用状况。

（张菊桃收集　摘自《中国建设报》）

广东省建设监理协会四届二次会员代表大会暨纪念协会成立十五周年大会隆重召开

2016 年 7 月 18 日至 19 日，广东省建设监理协会四届二次会员代表大会暨纪念协会成立十五周年大会在广州翡翠皇冠假日酒店隆重召开。全省会员单位的正式和列席会员代表、邀请领导、嘉宾共 282 人参加了会议。大会分为三个阶段，即 18 日下午的会员代表大会会议、晚上的文艺表演及 19 日上午的监理行业专家交流会。

18 日下午，会议审议并通过了《广东省建设监理协会 2015 年 9 月至 2016 年 7 月工作报告》、《广东省建设监理协会个人会员管理办法（试行）》、新入会申请企业名单和《广东省建设监理协会章程》修改条款，宣布了协会成立十五周年系列活动（篮球、征文、摄影）的获奖名单，并对获奖单位进行了颁奖。18 日晚的庆祝晚

会节目种类丰富，参演节目由各地市监理行业协会和监理企业选送。节目内容风格健康向上，结合监理行业实际，体现了建设监理艰苦创业、自强不息和与时俱进的情怀。

19 日上午举办了监理行业专家交流会，会议邀请了广州珠江工程建设监理有限公司、珠海市建设监理协会、香港测量师学会、广州建筑工程监理有限公司、深圳市监理工程师协会等五家单位代表作主题演讲。

本次四届二次会员代表大会暨纪念协会成立十五周年大会圆满结束，受到了与会代表的一致赞扬。

（高峰　提供）

河南省建设监理协会召开三届九次会长工作会议

7 月 15 日下午，河南省建设监理协会在江河宾馆会议室召开了三届九次会长工作会议，研究部署下半年协会工作安排。陈海勤会长主持会议。会议通报了中国建设监理协会在呼和浩特举办的信息化建设经验交流会的会议精神。

蒋晓东副会长介绍了专家委员会制定的《专家库管理办法（征求意见稿）》、《专家委员管理办法（征求意见稿）》的内容，对专家委员会专家委员的人选和专家委员会日常工作机构的设置作了汇报，征求和听取会长们的意见和建议。

孙惠民秘书长提出了协会成立 20 周年活动的初步方案。指出，今年 10 月是协会成立 20 周年，经初步研究，今年三、四季度组织开展河南省建设监理协会成立 20 周年系列活动，本着务实、节俭、高效的原则，通过行业发展论坛、征文比赛、文体活动等形式，认真总结河南省建设监理协会成立 20 年来的发展经验，继续探索行业可持续发展的新思想、新模式和新途径，回望协会成立 20 年来服务企业、规范行业、发展产业的成长历程，引领行业和会员单位诚信自律、公平竞争，促进河南建设监理行业繁荣稳定和健康发展。

陈海勤会长安排部署了下半年工作内容，要求秘书处开展好协会成立 20 周年活动，组织好行业和企业间的交流与学习活动，做好协会的培训工作，要求专家委员会尽快拿出《河南省建设工程监理规程（征求意见稿）》，诚信自律委员会继续探索诚信评价机制、制定诚信评价办法，启动违反诚信自律公约、扰乱市场秩序的惩戒措施。陈海勤会长强调，交流不能仅在监理行业内部进行，还要进行横向的市场主体之间的交流，协会将于近期联系相关行业协会，组织地产开发单位、施工单位和监理单位进行交流，沟通相关情况。

专家委员会副主任委员列席了会长工作会，并就涉及专家委员会工作的议题，进行了解释和说明。

（耿春　提供）

国务院办公厅关于清理规范工程建设领域保证金的通知

国办发〔2016〕49号

各省、自治区、直辖市人民政府，国务院各部委、各直属机构：

清理规范工程建设领域保证金，是推进简政放权、放管结合、优化服务改革的必要措施，有利于减轻企业负担、激发市场活力，有利于发展信用经济、建设统一市场、促进公平竞争、加快建筑业转型升级。为做好清理规范工程建设领域保证金工作，经国务院同意，现就有关事项通知如下：

一、全面清理各类保证金。对建筑业企业在工程建设中需缴纳的保证金，除依法依规设立的投标保证金、履约保证金、工程质量保证金、农民工工资保证金外，其他保证金一律取消。对取消的保证金，自本通知印发之日起，一律停止收取。

二、转变保证金缴纳方式。对保留的投标保证金、履约保证金、工程质量保证金、农民工工资保证金，推行银行保函制度，建筑业企业可以银行保函方式缴纳。

三、按时返还保证金。对取消的保证金，各地要抓紧制定具体可行的办法，于2016年底前退还相关企业；对保留的保证金，要严格执行相关规定，确保按时返还。未按规定或合同约定返还保证金的，保证金收取方应向建筑业企业支付逾期返还违约金。

四、严格工程质量保证金管理。工程质量保证金的预留比例上限不得高于工程价款结算总额的5%。在工程项目竣工前，已经缴纳履约保证金的，建设单位不得同时预留工程质量保证金。

五、实行农民工工资保证金差异化缴存办法。对一定时期内未发生工资拖欠的企业，实行减免措施；对发生工资拖欠的企业，适当提高缴存比例。

六、规范保证金管理制度。对保留的保证金，要抓紧修订相关法律法规，完善保证金管理制度和具体办法。对取消的保证金，要抓紧修订或废止与清理规范工作要求不一致的制度规定。在清理规范保证金的同时，要通过纳入信用体系等方式，逐步建立监督约束建筑业企业的新机制。

七、严禁新设保证金项目。未经国务院批准，各地区、各部门一律不得以任何形式在工程建设领域新设保证金项目。要全面推进工程建设领域保证金信息公开，建立举报查处机制，定期公布查处结果，曝光违规收取保证金的典型案例。

各地区、各部门要加强组织领导，制定具体方案，强化监督检查，积极稳妥推进，切实将清理规范工程建设领域保证金工作落实到位。各地区要明确责任分工和时限要求，并于2017年1月底前将落实情况报送住房城乡建设部、财政部。住房城乡建设部、财政部要会同有关部门密切跟踪进展，加强统筹协调，对不按要求清理规范、瞒报保证金收取等情况的，要严肃追究责任，确保清理规范工作取得实效，并及时将落实情况上报国务院。

国务院办公厅

2016年6月23日

（此件公开发布）

减轻企业负担 激发市场活力
——解读《关于清理规范工程建设领域保证金的通知》

国务院办公厅近日印发了《关于清理规范工程建设领域保证金的通知》(以下简称《通知》)。《通知》从清理保证金的种类、保证金制度的完善和监管等方面提出了要求。《通知》出台的背景和意义是什么?亮点有哪些?如何落实?围绕这些问题,住房和城乡建设部政策研究中心研究员李德全进行了解读。

问:国务院为何如此重视工程建设领域的保证金问题?

李德全:在建设单位和相关部门管理过程中,采用先让施工企业以现金方式缴纳一定数量的保证金,待工程完工达到相关要求予以退还的管理手段,以其手段硬、管理简单、有后续制约的特点,被建设单位、各相关管理部门越来越多地采用。由于没有规范的管理,致使工程建设领域保证金种类不断增加,形成了收取名目繁多、占用资金数量巨大、企业不堪重负的现状。相关调查结果显示,建筑业企业以保证金形式被占用的资金占到企业年营业收入的 10% 甚至更高,且大多数是以现金形式缴纳的。而且,收取保证金一方逾期不归还,以种种理由拖延归还、拖延后不支付任何资金占压成本的情况在各地不同程度存在。在建筑市场资金面紧张、建筑业企业被拖欠工程款数量大,又有大量保证金被占压的情况下,此问题成为建筑业企业生死攸关的大问题。

问:《通知》在解决保证金问题上明确了哪些政策?有哪些亮点?

李德全:国务院这次专门下发的《通知》,政策界限很明确,针对性强,这主要体现在两个方面:

一方面,划清了政策界限,给出了收取保证金的政策底线。《通知》明确提出除依法依规设立的投标保证金、履约保证金、工程质量保证金、农民工工资保证金外,其他保证金一律取消。这将廓清可以收取的保证金种类,取消了没有法规依据的各类名目保证金,体现了依法、明确、有效、稳妥的解决思路。在此基础上,《通知》还进一步规定,“未经国务院批准,各地区、各部门一律不得以任何形式在工程建设领域新设保证金项目”。这将有效制止建设单位和管理部门随意收取保证金,以收代管、以收代服务,忽视企业市场信用和表现的粗放管理方式。

另一方面,改进完善了保证金缴纳、管理方式。一是《通知》推行以银行保函方式作为保证形式。这种方式既可以减轻大量占用企业现金的压力,也能够通过银行这一经济组织对于企业的经济实力和信用状况作出评价,有利于信誉良好的企业取得有利的市场竞争地位。二是实行农民工工资保证金差别化缴存。即对于一定时期工资支付良好、没有工资拖欠情况的企业,给予保证金减免待遇。这样,保证金制度更加集中指向有拖欠工资行为的企业,这类企业不仅需要缴纳,还要适当提高缴存比例。这种差别化管理体现了管理的初衷、良好的市场风气导向和政府管理精细化的进步。三是《通知》规定在工程项目竣工前,已经缴纳履约保证金的建设单位不得同时预留工程质量保证金。理顺了保证金之间的关系,解决了重复保证的问题。

问:我们注意到,《通知》印发后,企业一片点赞之声,如何才能保障政策落地?

李德全：这其实也是《通知》的一大亮点。我们看到，《通知》规定了对于取消的保证金项目，自通知下发之日起，一律停止收取。对于取消的保证金项目，已经收取的要于2016年年底前返还相关企业，时限非常明确。尤其有新意的是，《通知》首次规定了未按规定或合同返还保证金的，保证金收取方应向被收取方支付逾期返还违约金。这一规定体现了对于在建筑市场交易中处于弱势地位的建筑业企业的保护，也是市场交易公平原则的应有之义。其次，《通知》对于保证金管理制度的修订完善提出了要求。与《通知》要求不一致的制度该废止的废止，该修订的修订，同时还要实现与信用体系的联通，探索建立建筑市场新机制。《通知》还提出了通过信息公开、建立举报查处机制、公开曝光典型案例等可操作、能落地的手段，保障保证金新政策尽快加以落实。

（摘自《中国建设报》）

住房城乡建设部、财政部、人力资源社会保障部共同部署清理规范工程建设领域保证金工作

7月1日，住房城乡建设部、财政部、人力资源社会保障部联合召开贯彻落实《国务院办公厅关于清理规范工程建设领域保证金的通知》电视电话会议，部署开展清理规范工程建设领域保证金工作。住房城乡建设部部长陈政高出席会议并讲话，财政部副部长刘昆、人力资源社会保障部副部长邱小平分别就有关工作在会上作了部署。住房城乡建设部副部长易军主持会议。

陈政高指出，清理规范保证金工作，意义重大。李克强总理多次作出重要批示指示，张高丽副总理也提出了明确的工作要求。清理规范工程建设领域保证金，将为建筑业企业盘活近万亿资金，有利于减轻企业负担，为稳增长作出更大贡献；有利于建设诚信政府，提升政府良好形象；有利于规范市场秩序，建立健全诚信体系。

陈政高要求，要采取有力措施，坚决落实国务院的决策部署。一是地方政府、企业自行设立的保证金要全面清理、全面停收。二是对保留的保证金推行银行保函制度。任何建设单位不得以任何理由拒绝建筑企业的保函形式提交的工程保证金。三是对保留的保证金要进一步规范。农民工工资保证金采取差异化的缴存办法；工程质量保证金预留比例上限不得高于工程价款结算总额的5%，在工程竣工前，已经缴纳履约保证金的不得同时预留工程保证金。四是对取消的保证金，各地要抓紧时间制定办法，确保2016年底前全部返还。对保留的保证金，严格按规定时间进行返还。五是严格禁止新设立的保证金项目，对违规新设立保证金的，要严肃查处。

陈政高强调，要加强领导，确保按时完成任务。一是用3个月时间，在国庆节前各地要全面完成清理任务。二是要确保“一个项目不落、一个企业不落”地保质保量落实。三是住建部门要和财政部门、人社部门紧密配合，形成合力，全力推进。四是要加大督查力度，随时通报情况。同时，还要加强舆论宣传，形成强大的社会氛围。

财政部副部长刘昆指出，各级财政部门要把思想认识统一到党中央关于推进供给侧结构性改革的决策部署上来，要把握清理规范工程建设领域保证金重要意义，进一步细化和完善各地的工

程质量金管理制度，建立健全保障政策落实的长效机制，积极稳妥推进清理规范工作。财政部与住建部将会同有关部门密切跟踪进展，对不按要求清理规范、瞒报保证金等情况的，将严肃追究责任。

人力资源社会保障部副部长邱小平要求，全面实行农民工工资保证金制度，抓紧在建筑市政、交通、水利等工程建设领域全面实行工资保证金制度；抓紧制定完善与企业守法诚信状况挂钩的工资保证金差异化缴存办法；规范保证金管理，各地要健全工资保证金管理制度和具体办法。各地人力资源社会保障部门要统一思想认识，与相关部门密切配合，切实抓好组织实施。

住房城乡建设部、财政部、人力资源社会保障部以及部分中央管理企业、有关社团负责人在主会场参加会议。各省、自治区、直辖市及新疆生产建设兵团住房城乡建设、财政、人力资源社会保障主管部门，各市、县住房城乡建设、财政、人力资源保障主管部门及相关处室负责人，部分一级及以上建筑业企业和一级房地产开发企业负责人，以及有关社团负责人，共 3 万多人在分会场参加了电视电话会议。

2015年建设工程监理统计公报

根据建设工程监理统计制度相关规定，我们对 2015 年全国具有资质的建设工程监理企业基本数据进行了统计，截至 2015 年 6 月，汇总数据基本完成，有关情况说明报告如下：

一、企业的分布情况

2015 年全国共有 7433 个建设工程监理企业参加了统计，与上年相比增长 2.12%。其中，综合资质企业 127 个，增长 9.48%；甲级资质企业 3249 个，增长 6.25%；乙级资质企业 2860 个，增长 4.23%；丙级资质企业 1188 个，减少 10.94%；事务所资质企业 9 个，减少 66.67%。具体分布见表 1 ~表 3：

全国建设工程监理企业按地区分布情况　　表1

地区名称	北京	天津	河北	山西	内蒙古	辽宁	吉林	黑龙江
企业个数	302	89	317	234	167	307	188	228
地区名称	上海	江苏	浙江	安徽	福建	江西	山东	河南
企业个数	185	705	428	279	274	155	523	311
地区名称	湖北	湖南	广东	广西	海南	重庆	四川	贵州
企业个数	251	231	492	163	49	99	362	113
地区名称	云南	西藏	陕西	甘肃	青海	宁夏	新疆	
企业个数	146	3	438	171	64	61	98	

全国建设工程监理企业按工商登记类型分布情况　表2

工商登记类型	国有企业	集体企业	股份合作	有限责任	股份有限	私营企业	其他类型
企业个数	607	46	49	4031	675	1952	73

全国建设工程监理企业按专业工程类别分布情况　表3

资质类别	综合资质	房屋建筑工程	冶炼工程	矿山工程	化工石油工程	水利水电工程
企业个数	127	6121	28	31	145	77
资质类别	电力工程	农林工程	铁路工程	公路工程	港口与航道工程	航天航空工程
企业个数	277	23	54	27	9	7
资质类别	通信工程	市政公用工程	机电安装工程	事务所资质		
企业个数	12	483	3	9		

*本统计涉及专业资质工程类别的统计数据，均按主营业务划分。

二、从业人员情况

2015年年末工程监理企业从业人员945829人，与上年相比增长0.42%。其中，正式聘用人员688436人，占年末从业人员总数的72.79%；临时聘用人员257393人，占年末从业人员总数的27.21%；工程监理从业人员为698805人，占年末从业总数的73.88%。

2015年年末工程监理企业专业技术人员819906人，与上年相比减少1.47%。其中，高级职称人员122825人，中级职称人员359231人，初级职称人员205445人，其他人员132405人。专业技术人员占年末从业人员总数的86.64%。

2015年年末工程监理企业注册执业人员为223346人，与上年相比增长10.64%。其中，注册监理工程师为149327人，与上年相比增长8.67%，占总注册人数的66.86%；其他注册执业人员为74019人，占总注册人数的33.14%。

三、业务承揽情况

2015年工程监理企业承揽合同额2846.74亿元，与上年相比增长16.9%。其中工程监理合同额1255.56亿元，与上年相比减少1.85%；工程勘察设计、工程项目管理与咨询服务、工程招标代理、工程造价咨询及其他业务合同额1591.18亿元，与上年相比增长37.64 %。工程监理合同额占总业务量的44.11%。

四、财务收入情况

2015年工程监理企业全年营业收入2474.94亿元，与上年相比增长11.43%。其中工程监理收入1001.92亿元，与上年相比增长3.98%；工程勘察设计、工程项目管理与咨询服务、工程招标代理、工程造价咨询及其他业务收入1473.02亿元，与上年相比增长17.14 %。工程监理收入占总营业收入的40.48%。其中11个企业工程监理收入突破3亿元，33个企业工程监理收入超过2亿元，131个企业工程监理收入超过1亿元，工程监理收入过亿元的企业个数与上年持平。

五、建设工程监理收入前100名企业情况

（一）工程监理收入前100名企业中，从主营业务来看，房屋建筑工程49个，电力工程14个，铁路工程13个，市政公用工程8个，水利水电工程5个，化工石油工程、通信工程各3个，其他工程5个。

（二）工程监理收入前100名企业中，从所在地区分布来看，北京19个，上海13个，广东11个，四川10个，浙江6个，安徽、重庆、河南、湖南各4个，江苏、湖北各3个，山西、福建、辽宁、山东、陕西各2个，其他地区9个。

2016年7月开始实施的工程建设标准

序号	标准编号	标准名称	发布日期	实施日期
行标				
1	JGJ/T 388-2016	住房公积金信息系统技术规范	2016-4-22	2016-7-1
产品行标				
1	JG/T 490-2016	太阳能光伏系统支架通用技术要求	2016-1-27	2016-7-1
2	CJ/T 120-2016	给水涂塑复合钢管	2016-1-27	2016-7-1
3	JG/T 487-2016	可拆装式隔断墙技术要求	2016-1-27	2016-7-1

2016年8月开始实施的工程建设标准

序号	标准编号	标准名称	发布日期	实施日期
国标				
1	GB/T 51141-2015	既有建筑绿色改造评价标准	2015-12-3	2016-8-1
2	GB/T 51028-2015	大体积混凝土温度测控技术规范	2015-12-3	2016-8-1
3	GB 51145-2015	煤矿电气设备安装工程施工与验收规范	2015-12-3	2016-8-1
4	GB 50303-2015	建筑电气工程施工质量验收规范	2015-12-3	2016-8-1
5	GB/T 50943-2015	海岸软土地基堤坝工程技术规范	2015-12-3	2016-8-1

续表

序号	标准编号	标准名称	发布日期	实施日期
6	GB 51142-2015	液化石油气供应工程设计规范	2015-12-3	2016-8-1
7	GB 51022-2015	门式刚架轻型房屋钢结构技术规范	2015-12-3	2016-8-1
8	GB/T 51147-2015	硝胺类废水处理设施技术规范	2015-12-3	2016-8-1
9	GB/T 51146-2015	硝化甘油生产废水处理设施技术规范	2015-12-3	2016-8-1
10	GB 50349-2015	气田集输设计规范	2015-12-3	2016-8-1
11	GB/T 51154-2015	海底光缆工程设计规范	2015-12-3	2016-8-1
12	GB 50350-2015	油田油气集输设计规范	2015-12-3	2016-8-1
13	GB 50292-2015	民用建筑可靠性鉴定标准	2015-12-3	2016-8-1
14	GB/T 51152-2015	波分复用(WDM)光纤传输系统工程设计规范	2015-12-3	2016-8-1
15	GB/T 51121-2015	风力发电工程施工与验收规范	2015-12-3	2016-8-1
16	GB/T 51153-2015	绿色医院建筑评价标准	2015-12-3	2016-8-1
17	GB 50462-2015	数据中心基础设施施工及验收规范	2015-12-3	2016-8-1
18	GB 51144-2015	煤炭工业矿井建设岩土工程勘察规范	2015-12-3	2016-8-1
19	GB 50428-2015	油田采出水处理设计规范	2015-12-3	2016-8-1
20	GB/T 51140-2015	建筑节能基本术语标准	2015-12-3	2016-8-1
21	GB 51143-2015	防灾避难场所设计规范	2015-12-3	2016-8-1
22	GB 51160-2016	纤维增强塑料设备和管道工程技术规范	2016-1-4	2016-8-1
23	GB/T 51167-2016	海底光缆工程验收规范	2016-1-4	2016-8-1
24	GB 51164-2016	钢铁企业煤气储存和输配系统施工及质量验收规范	2016-1-4	2016-8-1
25	GB 51159-2016	色织和牛仔布工厂设计规范	2016-1-4	2016-8-1
26	GB 50383-2016	煤矿井下消防、洒水设计规范	2016-1-4	2016-8-1
行标				
1	JGJ 383-2016	轻钢轻混凝土结构技术规程	2016-2-22	2016-8-1
2	JGJ/T 377-2016	木丝水泥板应用技术规程	2016-2-22	2016-8-1
3	JGJ/T 372-2016	喷射混凝土应用技术规程	2016-2-22	2016-8-1
4	JGJ/T 371-2016	非烧结砖砌体现场检测技术规程	2016-2-22	2016-8-1
5	JGJ 107-2016	钢筋机械连接技术规程	2016-2-22	2016-8-1
产标				
1	JG/T 474-2016	江南水乡（镇）建筑色谱	2016-2-22	2016-8-1
2	JG/T 476-2016	建筑用组装式桁架及支撑	2016-2-22	2016-8-1

本期焦点

工程监理企业信息化管理与BIM应用经验交流会在内蒙古召开

2016 年 6 月 29 日，由中国建设监理协会主办，内蒙古自治区工程建设协会协办的工程监理企业信息化管理与 BIM 应用经验交流会在内蒙古锦江国际大酒店举行。全国各省市建设监理协会、各建设监理分会（专业委员会）组织了 400 余人参加本次大会，香港测量师学会领导也应邀出席本次会议。会议分别由中国建设监理协会副会长王学军和中国建设监理协会副秘书长温健主持。

中国建设监理协会副会长兼秘书长修璐作“十三五规划纲要对建设监理行业发展的影响”主题报告，梁士毅等 8 名专家、教授及企业负责人在会上作专题演讲。

王学军副会长在总结讲话中，对本次交流发言各企业推进信息化建设所呈现的亮点——予以肯定，并对信息化管理、行业改革、取费情况等方面作了强调。

本次会议旨在贯彻国务院“互联网 +”政策和住房城乡建设部关于推进建筑业发展和改革的若干意见，以信息化打造企业核心竞争力，促进企业转型升级，促进监理行业可持续发展。

与会代表高度肯定本次会议对促进建设监理行业健康发展的积极作用。通过对监理行业最新信息化技术的交流，监理企业拓宽了视野，为企业的发展提供了有益参考。发言企业的成功经验使大家感受到监理行业技术创新的重要影响，鼓舞了监理行业发展的信心与士气。

在工程监理企业信息化管理与BIM应用经验交流会上的发言

中国建设监理协会　王学军

同志们，下午好。按照会议安排，我作个总结发言。讲三个方面的内容：一是对本次经验交流会进行总结，二是就信息化管理谈点个人意见，三是介绍一些行业情况。

一、经验交流情况

根据行业发展需要和会员单位的要求，今天在内蒙古呼市召开监理企业信息化管理与 BIM 技术经验交流会，会长郭允冲同志高度重视，由于有其他工作不能出席。其他几位副会长都到会了。参加今天交流会的有 400 多位会员代表，还有香港测量师学会的领导，应当说会议开得很成功。副会长修璐同志作了“十三五规划期间供给侧结构调整对监理行业发展的影响”报告。分析了供给侧存在的主要问题及对监理行业发展带来的影响，提出了推进监理行业发展的意见，困难和机遇并存。大家要结合行业、企业和市场认真思考，寻求本企业发展的道路。交流会上上海建科工程咨询有限公司、上海现代建筑设计集团工程建设咨询有限公司、重庆联盛建设项目管理有限公司、西安长庆工程建设监理有限公司、新疆昆仑工程监理有限公司、广州市市政工程监理有限公司、江苏建科建设监理有限公司、北京诺士诚国际工程项目管理有限公司等 8 家企业分别介绍了他们在信息化管理和 BIM 技术应用方面的经验和做法。还有重庆赛迪工程咨询公司、广州轨道监理公司等 15 家企业提交了信息化管理方面的书面经验交流材料，因时间关系没有在大会上介绍。概括起来：一是信息化管理和 BIM 技术应用取得了一定成果。信息化管理和 BIM 技术在项目管理中的应用，顺应了时代潮流，监理企业不再局限于传统的管理模式，而是运用现代科技，开发管理软件，建立信息平台，推进远程视频监控，建立手机 APP 客户端，应用 BIM 技术进行项目管理，取得了较好成果。不仅提高了监理、项目管理质量，为业主节约了投资，而且减少了企业管理成本。二是树立科技监理意识，推进信息化建设。如上海建科工程咨询有限公司，2006 年

研发了“企业信息化1.0版”，后又研发了“企业信息化2.0版”，集企业管理、项目管理、协同办公、知识管理等为一体的企业信息化管理软件。在线实施流程管理、业务管理、信息互享。2008年，将BIM技术应用于项目管理，在上海中心等大型复杂建设项目中取得了解决具体问题，提升服务品质的效果。他们认为信息已成为一种新的生产资源，BIM技术是重要的生产要素。三是运用信息化提高企业管理能力。如江苏建科建设监理有限公司，开发了“监理企业管理信息系统软件”和“人力资源证件管理系统”，并且建立了手机APP客户端，现场监理人员可以用手机上客户端查询相关资料，上传相关信息。公司管理人员可以通过平台及时准确地掌握现场相关情况，加强对现场工作人员管理和工作指导。四是运用信息化确保复杂工程质量。随着超高层、大跨度、高难度工程项目建设，仅靠人的感官很难作出判断，必须借助设备，使用科技手段，才能确保工程质量安全。如广州市市政工程监理有限公司，在建设近50km的港珠澳大桥工程监理中，运用信息化监控和集成数据监测，确保了预制隧道管用混凝土质量和浮运、沉管、安放顺利进行，保障了桥隧工程质量安全。五是运用信息化规范管理。如西安长庆工程建设监理有限公司和北京诺士诚国际工程项目管理有限公司，为解决管理中工程监理项目过度分散，工作标准不统一，质量安全风险增大，监理资料不规范，信息不能互享等实际问题开展信息化管理。西安长庆监理公司研发了工程建设监理管理信息系统，将工程项目信息、服务过程信息、监理档案信息，通过软件设置规范分类管理。监理巡视、旁站、检测等工作记录，自动生成监理日志和监理日记。监理人员在工作中，可以通过网络或离线端随时将监理现场工作情况和信息以照片、音频、视频传输给公司管理人员。北京诺士诚项目管理公司，运用互联网、大数据、物联网等技术，开发了管酷云台管理系统，设置了标准化管理模板和流程，为监理人员提供了规范开展监理工作和标准化流程指南，并能一键生成工作记录、监理指令及相关报告。现场监理工作均与GPS信息绑定，通过远程视频，全面掌握监理现场工作情况。在北京通州某建筑20万m^2房建项目监理使用效果较好。六是应用BIM技术促进工程质量和控制投资效果明显。如重庆联盛建设项目管理有限公司，应用BIM技术对内蒙古民族文化体育中心进行全过程项目管理，为保证工程质量并避免不必要的投资浪费，项目管理采用BIM技术对施工方案进行模拟与分析，通过构建BIM模型，对设计成果进行内部审核优化，解决设计矛盾与错误，从根本上对项目成本进行控制。为工程节约混凝土4000余方，钢材2000余吨、土石方38万方，发现碰撞及设计错漏问题上千处，为业主节约了巨大的成本，节约土建工程投资3800余万元，企业从中也获取了570万元收益。达到了监理与业主双赢。新疆昆仑建设工程监理有限公司，在新疆国际会展中心二期工程建设监理中，协调相关单位对设计BIM模型进行深化调整，应用BIM模型在三维空间对所有管线进行预先布排，减少碰撞3056处，有效保证了工程质量和工期。七是适应市场需求，开拓业务范围。 如上海现代建筑设计集团工程建设咨询有限公司，开始纯做施工阶段监理，后根据市场需要，转向多元化咨询，项目管理，直至EPC。2007年开始在上海世博会德国馆使用设计BIM加项目管理，奥地利馆使用设计BIM加监理。将BIM技术运用于设计、监理、项目管理中，根据市场需要，还研发了3D打印、激光扫描、三维地理信息系统GIS、射频识别RFID、BIM5D展示等。应当说，市场的需要，就是他们的业务发展目标。

今天的企业管理信息化和BIM技术应用经验交流会，相信会对大家有所启发，对未来监理企业信息化管理和提高监理科技含量会起到一定的促进作用。

二、加快推进信息化管理和提高监理科技含量

（一）紧跟时代发展，提高管理信息化水平

当今社会已步入信息化时代。移动互联网、

大数据、云计算等现代通信和网络技术的普及和应用，可以说信息畅通、沟通顺畅，为人类的生产和生活带来了极大的便利。李克强总理指出，运用信息、网络等现代技术，推动生产、管理和营销模式转变。因此，运用现代通信、网络技术，发挥互联网 + 监理或项目管理，促进行业发展，是时代的要求，也是我们这代监理人的责任。管理和监理还保持传统方式，必然制约企业发展，最终会被社会淘汰。我们必须提高管理信息化水平和监理科技含量，才能跟上时代步伐，满足时代对企业和市场对监理工作能力的要求。目前，社会发展对监理信息化和监理科技含量已经有了新的要求，有的业主将监理运用信息化管理作为招标条件之一，企业没有信息化管理能力，就失去了获取项目的机会。

（二）有序推进管理信息化和提高监理科技含量

管理信息化和提高监理、项目管理科技含量，是要有投入的。要有人才、资金支持。如上海建科公司搞管理信息化和 BIM 技术应用就投入 2000 余万元，有上百人的研发队伍。因此，大型监理企业要在管理信息化和提高监理科技含量方面为行业多作贡献。这一点，江苏建科公司带了个好头，将自己花巨资研发的企业管理信息化软件低价租赁给中小企业使用。广州轨道监理公司拟将企业开发的地铁工程管理软件低价推广给地铁监理公司使用。大型监理企业开发信息化软件要有所侧重，不要大家都搞大而全的，避免重复研发，造成人力物力浪费。我知道已研发管理信息化软件的企业除今天介绍的，还有一些企业也在研发管理信息化软件和 BIM 技术应用。中小型监理企业，可结合自身工作实际开发一些适合本企业管理的信息化软件。我知道的宁波高专项目管理公司，研发了适合本企业项目管理信息化软件，使用效果也不错。没有研发能力的企业，可以购买或租赁大企业研发的适合本企业使用的管理软件，购买租赁有困难的，现场管理可以借用微信平台，企业只需支付数据流量费。有的小型监理企业已经在这么做，现场工作人员将工作中发现的问题用手机拍照，通过微信发到公司微信平台。也达到了公司领导及时掌握现场情况的目的。

BIM 技术将文字和图像提升到三维模型。现在，可视化施工方案，质量、安全、进度可视化管理，在建筑业已开始运用，大、中型监理公司在监理和项目管理中也在运用。有的设计院也开始在设计中运用 BIM 技术，本次会上介绍的新疆国际会展二期工程，BIM 模型就是设计院提供的。但设计院的 BIM 模型，需要深化调整，才能运用于施工中，新疆昆仑工程监理公司的做法值得提倡。监理企业不一定要会建 BIM 模型，但监理人员一定要熟悉 BIM，要知道构建 BIM 模型的流程，才能对落实情况进行检查，才能发现问题，并针对问题提出调整 BIM 模型的正确意见。

三、行业发展有关情况

（一）国家重视监理行业发展和监理作用发挥

大家知道，国家以法规形式确立了监理制度，在国家大量减少行政审批取消职业资格的前提下，仍然保留了监理工程师资格考试制度和注册行政审批制度，将监理列为工程建设五方责任主体之一，说明了监理在工程建设中的重要性。《中共中央国务院关于进一步加强城市规划建设管理工作若干意见》提出，强化政府对工程建设全过程的质量监管，特别是强化对工程监理的监管。一方面，说明部分地区监理市场秩序和部分项目监理人员履职中确实存在这样那样的问题，市场不规范，服务不到位，业主不满意；另一方面，说明工程质量关系公共安全和公众利益，在法制不够健全、社会诚信意识淡薄的现实环境中，国家还处在大建设时期，要保障工程质量安全，上百万人的监理队伍是一支不可或缺的力量。为了更好地发挥监理的作用，行政主管部门正在研究制订监理行业改革发展指导意见。

（二）正确对待监理行业改革发展

当前建筑业进入改革发展时期，监理也不例

外。政府主管部门正在调整工程监理制度，如全面放开监理取费政府指导价、修订监理企业资质标准、强制监理范围调整、资格管理制度改革、继续教育方式改变，等等。6月6日，易军副部长听取协会工作汇报后指出，监理和其他行业下一步都要改革，改革的目的，是要把行业做得更好。改革将循序渐进，需要若干年时间才能完成。监理管理制度调整甚至变更，是市场经济发展的必然规律，监理是咨询服务行业，市场需要什么，我们只能做什么，在这方面，上海现代公司带了个好头，根据市场需要不断开拓业务范围。改革势在必行，但不会急于求成，会平稳推进。改革的目的，是让监理行业融入市场经济环境，更好地发挥监理人员专业技能，保障工程质量安全。

（三）监理取费市场化后情况

实行监理取费市场化后，监理服务取费还处在不稳定时期。尤其房建工程项目，业主压价现象比较普遍，个别监理企业低价竞争也很严重。当前监理取费概括起来有四种计费方式：一是参照发改委原670号文打折计费；二是按欧洲人工成本价公式加企业利润计费；三是按人工成本计费（总监、专监、监理员）计费；四是政府购买服务参照发改委原670号文人工成本价计费。如云南城建工程咨询公司，被政府购买监理对在建项目进行安全巡查。我个人认为，监理服务以人工成本价和企业利润取费是发展趋势。地方协会和行业协会根据往年监理取费情况，有的制订了监理服务计费规则，社会认可度不理想。有的地方协会，对恶性低价参与竞争的企业采取通报、取消评优评奖资格，取消会员资格，建议建设行政主管部门加强对其监理项目进行检查等措施。这符合国务院关于加快推进社会诚信建设指导意见精神，守信奖励、失信惩戒，这将是今后诚信建设的主要工作。失信将受到行政性、市场性、社会性约束和惩戒，是联合约束和惩戒。企业、个人如果一处失信，将处处受限。

（四）取消省、部监理人员职业资格和指定的培训机构情况

据统计，2015年底监理从业人员94.58万人，国家注册监理工程师执业的仅14.9万人，占15%。过去大部分监理人员持有省证或行业证相对好一些，现在取消了，有的省规定可以过渡。对没取得证书的监理人员怎么教育，怎么认定他们的能力没有配套措施。市场对监理人员素质要求越来越高，如按人工付费的监理项目，建设单位对同岗不同学历的人付的费用是不同的。如何促进监理队伍人员成长，保持监理队伍素质不降低，各地有些好做法：如浙江省建设工程监理管理协会，对监理人员进行职称评定；安徽省建设监理协会对监理人员进行水平能力认定；山西省建设监理协会与企业签订培训协议组织培训；陕西省建设监理协会组织监理人员培训，发培训上岗证。这些做法补充了监理职业资格、人员培训制度空缺，有效地促进了监理队伍稳定，提高了监理人员素质。

（五）国家供给侧结构性调整，建设项目总量减少

国家经济正从高速增长转向中高速增长，经济发展方式正从规模速度型粗放增长转向质量效率型集约增长，经济结构正从增量扩能为主转向调整存量、做优增量的深度调整。房建项目的减少，主要是现房存量太大，去年底约7.18亿m^2，主要集中在二、三线城市。今年要继续减库存，因此不再建公租房。传统产业投资相对饱和，但城市基础设施建设如地下管廊、海绵城市、铁路、公路、电力、水利、新农村建设在加大投资。今年中央预算内投资增加到5000亿元，加上地方投资和社会投资，要完成铁路投资8000亿元以上，公路投资1.65万亿元，再开工20项重大水利工程，棚户区住房改造600万套，建成城市地下管廊2000km，新建改建农村公路20万km。民营投资有的大房地产商转向休闲娱乐业，投资建设规模比较大的购物广场、娱乐城等。总体上建设还处在大规模建设时期。

（六）共同努力、促进行业发展

行业改革正在稳步推进，行业发展我们要坚定信心。浙江省建设工程监理管理协会做得比较

好。他们在省建设厅的支持下，编制了《浙江省建设监理行业十三五规划》，分析了行业现状与发展环境，规划了未来五年行业发展目标，提出了监理综合企业发展到15家以上，甲级以上企业占企业总数的60%以上，国家注册人员占执业人数40%以上，监理外的营业收入占45%以上的发展具体目标和保障目标实现的具体措施。有理想就有奋斗，有目标才会有追求。

为加强对个人职业行为的管理，安徽省建设监理协会、海南省建设监理协会等建立了个人会员管理制度。个人会员制度的建立，拉近了与国际同行业的距离，增强了个人的荣耀感。也有利于协会更好地为行业和会员服务，有利于行业健康发展。这项工作，中监协也在做，在地方、行业协会和会员单位的支持下，到六月底已发展个人会员4万余人，这次会议就有个人会员代表参加。中监协采取与地方和行业协会共同管理、共同服务的方式，力争为会员提供满意的服务。为促进行业发展，近期将对参与鲁班奖工程项目的151家监理企业、208名监理工程师进行通报表扬，第三季度将开展两年一度先进监理企业、优秀总监理工程师、先进协会工作者评选活动。为促进行业发展，协会正在组织专家对“非注册监理人员培训大纲”、“房屋建筑工程监理工作标准和监理机构人员配备”、“监理企业诚信规范”等课题进行调研。争取年底取得成果。

应对问题，改革发展，是监理行业当前和今后若干年不可回避的问题，规范服务、加强标准化建设，提高管理信息化水平和监理、项目管理科技含量，提升人员综合素质和业务工作能力是永恒的主题。从监理行业发展来讲，我认为做好施工阶段监理是基础，有能力的监理企业向施工阶段两头拓展业务，配合国家推行EPC总承包开展项目管理是方向，最终监理行业要与国际接轨，跨入知识、技术密集型工程咨询行列。同志们，让我们坚定信心，共同努力促进行业健康发展。

谢谢大家。

专家发言摘要

编者按

在内蒙古召开的“工程监理企业信息化管理与BIM应用经验交流会”上，中国建设监理协会副会长兼秘书长修璐作“十三五规划纲要对建设监理行业发展的影响”主题报告，梁士毅等8名专家、教授及企业负责人围绕企业信息化管理和BIM在工程建设中的应用、BIM与多种数码技术对接、现代通信网络技术在监理项目管理中的应用等内容在会上作专题演讲。

十三五规划纲要对建设监理行业发展的影响

中国建设监理协会　修璐

第十二届全国人民代表大会第四次会议审议通过了《中华人民共和国国民经济和社会发展第十三个五年规划纲要》。纲要明确提出了国家经济发展将从前期重点依靠投资、出口、消费“三驾马车”的需求侧拉动向供给侧改革转变。实行供给侧结构性改革是十三五期间国民经济和社会发展新的战略重要任务之一。如何适应和完成供给侧结构性改革是行业当前面临的主要问题。

修璐同志结合当前改革发展形势，分析了如何适应和完成供给侧结构性改革是行业当前面临的主要问题。探讨了供给侧结构性改革的重要性和必要性，指出建设监理行业也存在供需比例失衡，恶性竞争严重等问题，行业结构性调整势在必行。从固定资产投资、技术能力与管理水平创新发展、服务方式与服务理念、服务对象方面分析了供给侧结构性改革对建设监理行业与企业的影响；针对不同类型的企业探讨其转型升级的途径与方向，并分析转型中需注意的问题。

创新监理思维　推行四化管理　全面构建数字化监理模式

西安长庆工程建设监理有限公司　郝世英

西安长庆工程建设监理有限公司郝世英向大家介绍了该公司构建数字化监理模式的背景，探讨了企业以“现场管理标准化、业务操作流程化、检查内容表单化、监理建设信息化”四化监理工作为方向，在完成平台基础数据梳理的基础上，大胆创新，融入互联网应用，实现了集成化的、实时的、多层级的监理工作平台。

四化监理工作实现了“两高、一低、三规范、两提升”的目标。即监理工作高水平、高效率、低成本；监理行为、工作流程、监管模式三规范。这一监管模式大大提升了长庆监理公司监管过程的智能化水平和技术咨询服务水平。

BIM技术在内蒙古少数民族群众文化体育运动中心全过程项目管理中的应用解析

重庆联盛建设项目管理有限公司　雷开贵

内蒙古少数民族群众文化体育运动中心项目是内蒙古自治区成立70周年大庆主会场项目，其政治意义和社会影响巨大。项目主要难点在于异型钢结构主体、双曲铝板屋面及幕墙工程、大型公共建筑机电系统等专项工程的深化设计与安装实施；项目允许施工周期远低于同类型建筑合理的施工周期。

重庆联盛建设项目管理有限公司雷开贵介绍了企业运用BIM技术对该项目进行项目管理应用，通过数字化模型构建与优化以及设计管理、施工管理的BIM应用，完成了复杂项目的综合管理和安全监理。

建设监理行业数码互联时代的科技创新

上海现代建筑设计集团工程建设咨询有限公司　梁士毅

十三五计划的核心思想之一是“把创新放在更加重要突出的位置”。建设监理的技术发展也必须紧跟当今世界的科技发展，运用最新的科学技术提升行业技能。只有如此，建设监理行业才能跟上时代变革的步伐。否则，一定会被设计施工行业边缘化。

上海现代建筑设计集团工程建设咨询有限公司梁士毅介绍企业运用BIM+技术，与大数据云技术、互联网技术、多种数码技术对接，促进监理行业发展，助力装修施工，在历史建筑改造等特殊项目中取得良好成效。

以信息化助推大型咨询监理企业转型升级

上海建科工程咨询有限公司　张强

现如今，信息已经成为一种新的生产资源，BIM 技术也成为重要平台和载体。谁掌握了收集信息、挖掘信息、利用信息的金钥匙，谁就有新的未来。

上海建科工程咨询有限公司张强介绍了企业信息化建设取得的成效，通过信息化支持决策与管控，全面提升了系统服务能力和运营效率，促进企业转型升级，打造 BIM 服务的全过程业务链，把握大数据、云平台、智能化发展方向，不断实践技术创新，深度挖掘数据价值，成为"基于数据的建设项目全寿命周期管理咨询的系统服务者"。

新疆国际会展中心二期场馆及配套服务建设项目 BIM 技术应用

新疆昆仑建设工程监理有限公司　肖文军

BIM 技术在施工过程中的应用可以使有关各方工程技术管理人员对拟建工程各种建筑信息做出正确理解和高效应对，为项目管理团队、设计团队以及包括建筑使用单位在内的各方建设主体提供协同工作的平台，在提高生产效率、节约成本和缩短工期以及减少协调工作量方面发挥重要作用。它具有可视化、协调性、模拟性、优化性和可出图性五大特点。

新疆昆仑工程监理有限责任公司肖文军以新疆国际会展中心项目为例，介绍了 BIM 团队的组织、BIM 技术在施工阶段的建模标准、流程及机制，分析其在施工模拟、工程优化等的具体应用。

工程监理信息化技术在港珠澳大桥岛隧工程的应用

广州市市政工程监理有限公司　戴飞

港珠澳大桥工程规模巨大、建设标准高、建设条件复杂、科技含量高、建设周期长、不少技术是国内甚至是世界首次应用；而且在"一国两制"体制下一桥通三地，具有史无前例的特殊性。

广州市市政工程监理有限公司戴飞以港珠澳大桥工程项目为例，介绍了工程监理企业信息化技术对重大、复杂项目的实施具有重大作用，通过网络信息化平台、监理信息化监控、高度集成化数据监测信息技术等信息化技术的应用，使该项目攻克多项技术难点，创造多项专利，保障了该项目的顺利竣工。

应用信息化平台 实现监理企业创新发展

江苏建科建设监理有限公司　陈贵

江苏建科建设监理有限公司陈贵介绍了该企业信息管理系统的构建背景以及信息化平台建设情况。通过人力资源信息管理框架、项目信息化管理框架，构建人员管理、项目管理、企业管理三位一体的信息沟通平台，目前已实现人力资源信息化管理全覆盖，项目信息化管理全覆盖，企业信息化管理全覆盖，成功解决了企业对各部门的管理，以及企业对多项目、跨地区项目的管理需求，合理优化了人力资源结构与管理方法，实现了公司从传统的管理模式向网络信息化管理的升级，取得了很好的经验和成果。

管酷云台——监理行业信息化及智慧管理创新实践

北京诺士诚国际工程项目管理有限公司　易伟强

如何能便捷高效地履行好监理作为五方责任主体的职责，同时在信息化高速发展的大形势下，顺应发展趋势把监理工作信息化、标准化、流程化、可视化，为建设监理行业的信息化建设和智慧城市、智慧管理探索一条创新之路，是我们作为监理人一直在思考的问题。

北京诺士诚国际工程项目管理有限公司易伟强介绍了企业信息化及智慧管理的创新实践——管酷云台，汇集云平台、物联网技术形成工程大数据的项目管理云平台，利用碎片化时间，达到标准化工作效果，并在实践中取得较好评价。

大型室内水上游乐园监理重难点简析

浙江江南工程管理股份有限公司　郭军平

摘　要： 大型室内水上游乐园是指借助水域、水流或其他载体，为达到娱乐目的而建造的室内游乐设施。如将游乐池、水滑梯、造浪设备和峡谷漂流设置在封闭室内的一种游乐场所，相对于露天的游乐园，室内游乐园有不受天气气候影响的特点，能够全天候运营，然而施工难度也会加大，对监理工作的要求也会提高，相应的建设投资较露天游乐园的建设投资也会增加。本文以某大型室内水上游乐园工程的监理工作为例，对监理工作中的重难点进行阐述。

关键词： 室内水上游乐园　游乐设施　监理控制点

一、项目概况

绍兴金沙·东方山水国际商务休闲中心（后称休闲中心）总用地面积 130513m²，总建筑面积 134874m²。休闲中心由 A~F 六个独立场馆组成，其中 A 馆内布置了 5D 影院、黑暗乘骑和剧院等娱乐设施，B 馆为溶洞馆、未来科技馆和儿童馆，D 馆为宴会厅和会议厅，F 馆为整个休闲中心的门厅，E 馆内设有过山车、跳楼机、转转杯和旋转木马等机械类游艺机，其与 B 馆组成了山馆，C 馆为水上乐园，简称水馆，故该项目有东方山水之称。有山有水有石头，六个场馆如六块“鹅卵石”静静地坐落在

岛上，与周边环境融为一体，浑然天成，突出体现了低碳环保的理念。

二、大型室内水上游乐园的特点

1. 建筑体量大，工艺复杂

水馆钢结构长轴方向跨度226m，短轴方向跨度136m，建筑高度30.5m，水馆的建筑面积31719m^2，比4个标准足球场的面积之和还大；山馆之一的E馆建筑面积41571.9m^2，高度达52.95m。

该游乐园下部采用钢筋混凝土底座，上部采用钢结构，水馆为大跨度钢结构，不仅施工难度大，本身的结构也比较复杂。另外馆内的功能用房多，其中造浪机房的结构较为复杂，机房内部设两层结构，机房上部还设火山架；埋地管线种类多，水馆内地下管线不仅有热水管、冷水管，还有各个水池和游乐设施的供回水管，从4号机房送出的管道有57根（42根水管，16根电缆管），直径最大的为De315，最小的为De40；各类预埋件大小各异，而且埋设要求也不尽相同。

2. 游乐设施种类众多

该室内游乐园的特点，不仅仅“大”，而且“多”。水馆内的水上游乐设施主要有造浪池、漂流河、大水寨水屋、SPA温泉、假山温泉、儿童池和加勒比海盗船等；另外工程建设中所采用的材料种类众多，有玻璃钢制品、特殊结构钢、HDPE管和钢筋骨架热水管等；参建单位也较多，有装饰、土建、游乐设备安装、建筑机电安装、钢结构安装和假山制作等单位；最后水馆内的水处理设备多，光水处理机房就有5个。

3. 运营不受气候影响

室内游乐园最大的特点是运营不受气候影响。室内游乐园温度、湿度通过中央空调及配套的采暖降温措施，营造了一个舒适的环境，无论是刮风下雨，还是酷暑寒冬，均能在室内惬意地游玩。溶洞馆（山馆的一部分）内冬暖夏凉，山馆内气温恒定，水馆内光线通透，在这样的环境下，所有游乐设施很少受到室外环境的影响，游客不用担心恶劣的天气而影响享受快乐的心情。

三、水上乐园游乐设施

1. 造浪池

造浪池是一种能通过机械造出人工

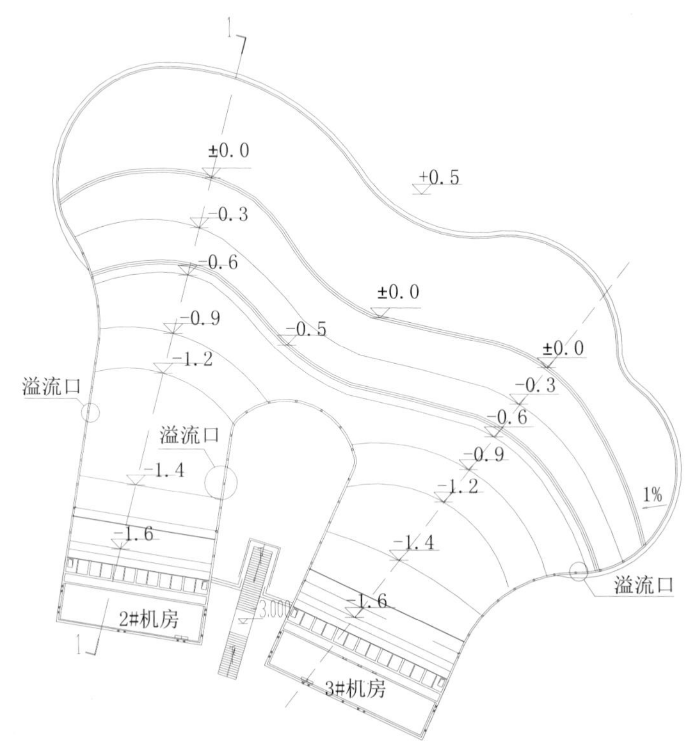

图1　造浪池平面图

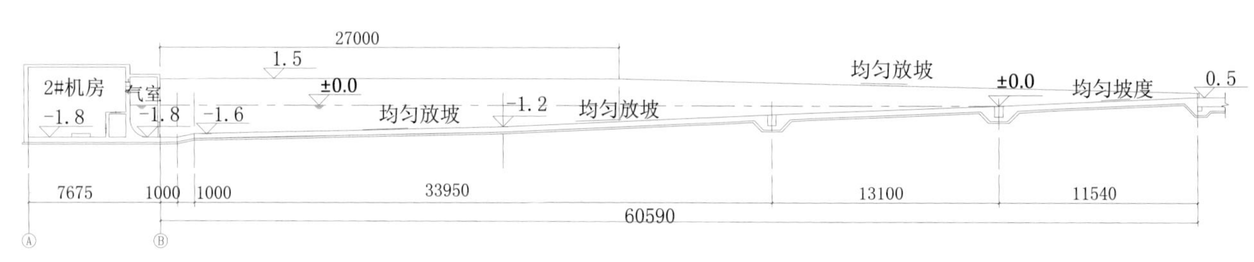

图2　1-1剖面图

模拟海浪的水池。在该水上游乐园中，它在所有池里是最大的，同时也是最创造气氛的。水面上起伏的层层波浪激起阵阵浪花，总是带给游人阵阵按捺不住的激动，以致国外一些戏水乐园仅设置这样一个大池就已使游人流连忘返。该馆内造浪池池底设计成斜坡状，波浪推进的方向由深到浅。造浪机及波浪发生口设置在水池最深处，即在该位置设置造浪机和水泵机房。

造浪池的平面形状为略带扇形的长形平面，宽最大处88.67m，最小处18.00m，长60.59m。顺着水面波浪推进方向两侧的池壁上布置了可调节给水口，同时在该方向的池壁上，距水面800mm处设溢流水口，起到撇沫的作用（见图1、图2）。

2. 漂流河

人工漂流河近年来在我国城市游乐设施中新起，既要保证它的娱乐性和刺激性，又要保证它的安全可靠性，这就要求对它的设计方案、施工过程和监理工作进行重点控制，既要防止出现漂流河漂不起来的情况，又要避免安全事故的发生。在此以某室内漂流河的工艺设计为例对漂流河的设计作一简单介绍。

该漂流河全长248.36m，净宽3.90m，水深1.0m。池底设两个推流口，推流动力源为水泵（水动推流）。顺着水流方向两推流口间距为112m，每个推流口底部设2根主管引出推流喷管。漂流河两个推流口分别与4#、5#机房供水系统连接，经过砂缸过滤、加药处理供漂流河用水（见图3）。

3. 其他水上游乐设施

该场馆内还设置了小小水世界、儿童滑梯、海盗船、组合滑道、大水寨水屋、SPA温泉、无边泳池、假山温泉和按摩池等水上游乐设施。小小水世界内还有各类小品，如彩虹门、海马、喷水鲸鱼、海葵、缠绕藤、蓝鲸、寄居蟹、水翻斗、贝壳滑梯、海蟹、海豚滑梯、跷跷板和机关喷水等。

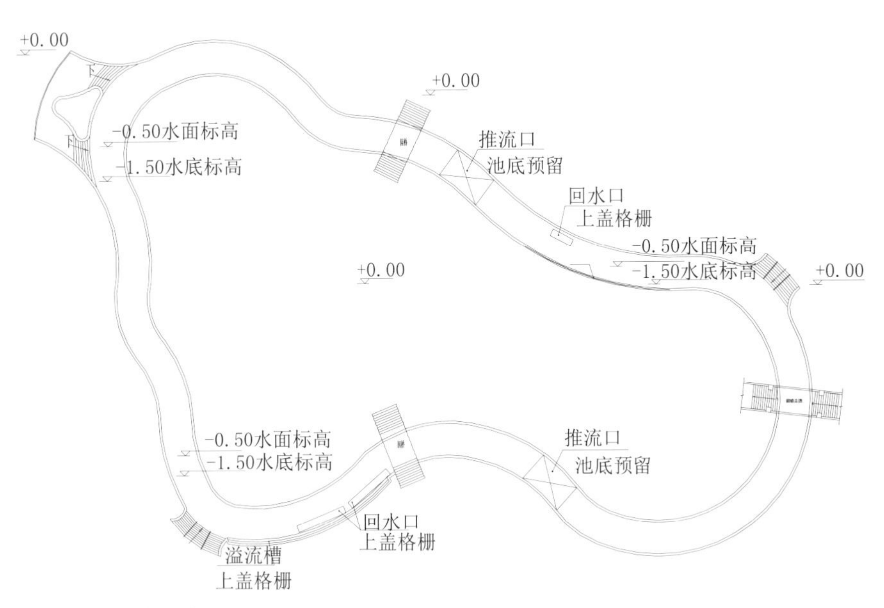

图3　漂流河平面图

四、监理工作重难点

1. 体量大，工期紧

该室内游乐园主要由山馆和水馆组成，与其配套的场馆有四个，计划工期30个月。计划工期内需要完成桩基工程、混凝土主体工程、钢结构安装工程、建筑机电工程、室内游乐设备安装及调试工程、室内装饰装修工程。另外，水上游乐园从进场到调试完成，直至通过浙江省特种设备质量监督检验，总工期共6个月时间。可见体量大、工期紧是该大型游乐园的一大重点之一。

2. 参建单位多，沟通协调难

在场馆游乐设备安装前，需要完成馆内的造浪池、儿童池、滑道落水池、机房和钢平台等土建结构的施工，同时还需要建筑机电安装单位配合完成预留洞口、预留套管和预埋件等任务。在此过程中参建单位多，施工准备阶段、施工过程中和施工收尾阶段需要解决的问题也多，沟通协调工作是难点之一。特别是土建工作界面和设备安装界面交叉施工时，协调工作是监理工程师必须要做好的工作，协调工作完成的好坏，关系到工程进度和工程质量控制的成败。

监理项目部对外工作关系的协调主要有游乐设备安装公司、土建单位、钢结构安装单位、建筑机电安装单位、建设单位和游乐设备咨询单位，对外关系的协调重点体现在工程进度、工程质量、工作面交叉和指令执行情况。对内协调主要是监理项目部内部专业人员之间的协调配合问题，相对来说，项目部内部的工作协调较为简单直接。

3. 专业资料缺失

按图施工是监理单位对施工单位的最基本要求，然而在该游乐园监理过程中，由于施工图纸的缺失，倘若监理单位要求施工单位“按图施工”将会使工程难以推进，没有施工图的情况下，因工期紧迫现场施工时只能参照工艺图施工。

一般游乐设备安装单位提供给设计单位工艺图，由其根据工艺图绘制施工图，但由于设计单位对游乐设施的熟悉程度及设计经验的不足，所出具的施工图往往与现场实际情况不符，游乐设备安装单位又不具备设计出图资格，因此造成专业资料的缺失。

监理过程中发现，大水寨、组合滑道、钢平台、滑道落水池、漂流河、造浪池、5 个机房和室内排水坑的高程布置的相对标高都为 ±0.00，但是与其对应的绝对标高分别为 –6.35、–6.10、–6.00、–6.05、–5.90、–6.40、–6.05，可见绝对标高与相对标高是不匹配的，即同一个场馆内标高参考点不一致。造浪池机房施工前，组织设计单位、游乐设备安装公司、土建技术总工和建筑机电项目经理召开会议，对标高事宜进行研讨。同样，埋地管道敷设过程中，埋地管道的标高与对应水池的标高也有出入。在小小水世界监理过程中，发现回水坑的坑底标高为 –7.90，而回水管道的管中标高为 –7.25，回水管管径为 De315，由此回水管管底标高为 –7.40，这与回水管贴坑底敷设的规定相悖。这些经验表明，在监理过程中，要认真阅读图纸，做好质量预控，并经常与施工单位和游乐设备安装厂家交流，在保证按图施工的同时尽量保证使用功能。

按照工艺图可以完成管道敷设等基础工作，但对于游乐设施的安装来说，没有相应的安装通用规范对监理工作的开展带来一定的不便和难度。国家对游乐设施的制造和使用颁布了一系列标准，但对游乐设施的安装并没有专门的国家或行业标准。目前，国家标准 GB/T 18158–GB/T 18170 所包含的十二类游乐设施尚无相应的安装通用规范，游乐设施安装过程中缺乏统一的技术依据，不能有效规范安装单位的施工行为。因为安装遗留问题所产生的维修成本不仅给业主带来一定的经济损失，也造成游乐设施质量的安全隐患。另外安装单位出于商业机密的缘由会有条件提供设备的部分安装指南等技术资料，甚至隐瞒相关的安装技术细节。专业资料的缺失给大型游乐设施的监理增加了技术难度，监理人员只能通过磋商、协调解决。

4. 安装要求高，质量控制点多

1）安装单位资质审查

《中华人民共和国特种设备安全法》中明确规定，大型游乐设施属于特种设备。特种设备制造、安装、改造单位应当经国家负责特种设备安全监督管理部门（国务院特种设备安全监督管理部门）许可，方可从事相应的活动。对制造、安装单位的资质审查时，监理工程师应对其资质的合法性和有效性进行审查，确保满足国家有关政策的要求。对资质的审查，也就是间接地对生产和安装单位的技术水平和质量管理进行初步审查。

大型游乐设施安装前，还应审查是否具备基本安装条件，特种设备安装前应履行告知手续，书面告知直辖市或者设区的市级人民政府负责特种设备安全监督管理的部门。施工单位在施工前未履行“书面告知”手续，将进行行政处罚。

2）进场材料检查

原材料的质量是设备质量的基础，监理工程师应严把质量关，做好各种原材料进场前的审查确认工作，把原材料审核工作重点放在重要受力部件上，确保材料满足图纸和标准要求。对于重要的受力部件、连接件，应该要求施工单位提供材质证明、检验检测报告。如组合滑道的钢立柱、连接滑道的不锈钢螺栓等。

玻璃钢制品，如滑梯、滑道、水屋平台等，应采用无碱玻璃纤维，应对其机械性能进行检测，确保各项技术指标满足标准的要求。玻璃钢水滑梯厚度应不小于 6mm，法兰厚度应不小于 8mm；儿童专用玻璃钢滑梯厚度不小于 4mm。

不能以“抓大放小”的工作心态去检查原材料，对于一些辅助材料，也不能放过。特别是在潮湿环境下，如施工单位选择用普通角钢作为滑道的支架，监理工程师对此应该提出要求，应该选用热镀锌角钢。

3）设备开箱检验

设备开箱验收时，应组织供货单位、建设单位、安装单位共同进行。首先对包装质量进行检查，有无损伤、标签是否正确、设备有无发错进行核对，然后再开箱，做好随机文件的验收工作，确保资料完整性。随机文件应包括：①装箱清单；②设计图纸：包括机械、电气、液压、气动等图纸；③产品质量证明文件，至少包括产品合格证、重要受力部件材质一览表和材质证明书，重要焊缝和销轴类的探伤报告、标准机电产品合格证及使用说明书；④使用说明书应包括如下内容：设备简介、结构概述、主要技术参数、安装与调试、操作和注意事项及标示牌、保养与维护说明、设备故障应急处理、润滑部位说明、维修说明、易损件及重要零部件使用说明。最后对设备外观质量及本身质量进行检查验收，如有必要应进行试运转验收。

4）埋地管道敷设

水上游乐园离不开水，每种游乐设

施如漂流河、组合滑道、大水寨水屋和无边泳池等都离不开水，这就需要敷设大量的供水管道。在没有完整施工图的情况下，既保证质量又保证进度，这就要求监理工程师全面考虑。管道的坡度、保温、试压、回填与基础交叉时的处理，回填时的保护都是监理工作中需要注意的问题。对于工序的把控，监理工程师也应该引起重视，例如在组合滑道施工工程中，施工单位先完成了滑道基础的施工，结果在滑道基础区域还有2根De315的给水管需要敷设，在如此密集的基础区域（有45个混凝土基础，相邻基础间距为不大于2m）穿过两根管道，给施工带来不便的同时将严重影响总工期。

5）埋件安装

该水上游乐园内，涉及的埋件主要有造浪机房专用埋件，小小水世界、组合滑道等滑梯的预埋件和大水寨水屋钢立柱的埋件，共计埋件数量312个。埋件安装前，应认真阅读施工图纸，按照设计图样和技术文件施工，经游乐设施安装单位复核后方能进入下道工序。一般的，预埋件坐标位置允许误差为±20mm，不同平面的标高允许误差为-20mm。

6）游乐设施组装

以大水寨为例，说明游乐设施组装过程中应注意的事项：①要求施工单位按装配顺序对组件进行编号，操作人员应熟悉操作规程；②玻璃钢制品搬运过程中应轻拿轻放，避免碰到坚硬物损伤表面涂料；③钢管对口连接螺栓紧固时，应进行初紧和终紧，处于同一对角线的螺栓对应紧固，以保证紧固质量。紧固完成后，应该用扭矩扳手对螺栓紧固程度进行抽检；④巡视过程中，还应注意滑梯连接用紧固螺栓是否采取了防松措施；⑤就地组装完成后，在吊装翻转过程中，应严格监控施工安全情况，对吊装设备、操作人员、指挥人员进行全面审查，只有具备相关资料及实体检查合格后方可进行吊装翻转作业；⑥立柱竖立过程中，监理工程师应严格控制立柱垂直度，并对施工单位的测量结果进行实时复查，控制立柱垂直度不超过允许偏差。竖立后的立柱底端与预埋件圆圈重合，立柱的垂直度采用经纬仪检测方式，垂直度允差为1/1000，每米不超过5mm；⑦大水寨水屋立柱竖起后，对于高空作业人员，要求佩戴质量检查合格的安全带；⑧高出地面500mm的站台上，站台周边应设安全栅栏，对于室内儿童游乐项目，栅栏高度不低于650mm，栅栏间隙距离不应大于110mm。当平台距地面高于10m时，护栏高度不应低于1200mm（见图4）。

7）电气工程

根据《游乐设施安全规范》GB 8408的规定，室内游乐设施应有充足的照明和应急照明设备，照明照度应不低于60lx，应急照明照度应不低于20lx。低压配电系统的接地形式应采用TN-S系统或TN-C-S系统。电气设备中正常情况下不带电的金属外壳、金属管槽、电缆金属保护层、互感器二次回路等必须与电源的地线（PE）可靠连接，低压配电系统保护重复接地电阻应不大于10Ω。

监理工作过程中不仅要对规范的执行情况进行检查，还要对设计文件及设计资料进行仔细阅读，及时提出合理化建议，为后期安装工程创造条件。造浪池和滑道落水池池壁上设有壁灯，由于图纸上所体现的是灯孔示意图，具体的安装及施工需要专业厂家来深化设计。根据相关规范，在游泳池及涉水区水下灯具应为额定电压12V且自身不带变压

图4 大水寨组装

器的Ⅲ类灯具。在该电压下，各类灯具的供电半径理论值为21m，因此在前期预埋电线导管时，应充分考虑安全电源的安装位置，以便后期安装。

8）成品保护

监理过程中，需要时刻督促施工单位做好成品保护工作。小小水世界、大水寨水屋的池底需要二次浇筑混凝土，在滑梯、滑道和钢立柱安装完成后混凝土浇筑前应对相关设施采取相应的保护措施，如用塑料薄膜将滑梯包覆进行防护。另外埋地管道施工完成后，也应采取相应的防护措施。

9）有关试验

水滑梯、造浪设施、峡谷漂流设施、游船等新产品定型前应按照《水上游乐设施通用技术条件》GB/T 18168进行型式试验。另外，所有游乐设施在交付使用前还应进行运行试验。

（1）试验条件。a. 无特殊条件，试验的环境温度一般为15～30℃，相对湿度不大于90%，风速不大于8m/s；b. 试验载荷与其额定值的误差不超过±5%；c. 生产制造单位应提供产品的检验数据、记录、图样和技术文件，检验部门确认合格后方能进行各项试验；d. 模拟人体沙袋外形尺寸应符合《中国成年人人体尺寸》GB 10000中成人人体尺寸数据（26～35岁）年龄组90%～95%的规定；e. 产品应经过检验合格。

（2）水滑梯试验。滑行试验首先应采用模拟人体沙袋试滑，滑行次数不少于10次；当模拟试验合格后方可进行人体试滑，按照乘员使用范围将试验人员按照体重、身高混合编成若干组别进行试验以满足设计要求。还应检查滑梯的安全设施，如护栏高度、平台尺寸及面积，对立柱的稳定性等也要进行观察试验。

（3）漂流河试验。漂流河应进行空载试验和满载试验。空载试验是在实际工况下空载连续运行8h。满载试验按设计额定值进行加载，按实际工况连续运行试验，每天不少于8h，连续累计运行试验不少于80h。整机运转应正常，启、制动应平稳，不允许有爬行和异常的振动。各项试验结束后，应编写有明确结论和符合有关规定的试验报告。

（4）水质检测试验。游乐池的水质应符合《游泳场所卫生标准》GB 9667的规定，对水质应进行取样检测。

水上游乐设施的质量控制点并不限于上述几点，建设工程项目不同所对应的质量控制点有所不同，无论建设工程项目的质量控制标准有何差异，作为监理工作人员都应该严格控制工程质量，履行自己的职责。

五、结语

目前国家调整产业结构，对旅游文化产业进行大规模建设，国家正大力打造江浙沪城市旅游圈。国内大型游乐园的兴建也恰逢其时，但是对于设计、制造、施工、监理的相关规范等仍然需要国家及企业制定全面的、通用的技术标准。虽然目前已经制定了《游乐设施安全规范》GB 8408-2008和GB/T 18158-2008、GB/T 18170-2008十几类游乐设施的通用技术规范，但是依然缺少规范的安装图集等技术资料，给监理工作及安装工作带来一定的不便。本文对大型室内水上游乐园监理的介绍，供同行参考，以促进游乐设施监理工作的发展。

参考文献：

[1] 李从笑.欢乐园中的造浪设计.建筑科学[J]. 1996(4).
[2] 姜梦.大型游乐设施安装监理激励机制的研究[D].西南交通大学研究生论文，2014.
[3] 谢克杰.游艺机和游乐设施的质量监理.机电信息[J]，2007（8）.
[4] 卓银杰，程澍.游泳池水下照明设计探讨.现代建筑电气[J]，2013（4）.
[5] 施云琼.印象西湖舞台灯低压供电设计.电气应用[J]，2007（7）.
[6] GB/T 18168-2008 水上游乐设施通用技术条件[S].北京：中国标准出版社，2009.
[7] GB 8408-2008 游乐设施安全规范[S].北京：中国标准出版社，2008.

浅析PPP模式下工程监理的应对措施

广州市市政监理工程有限公司　陈雄敏

摘　要： 简述了广州南沙自贸区PPP项目在实施中存在的问题，工程监理的应对措施。并结合监理企业的现状，从调整组织战略、提升专业化水平、拓宽发展空间等方面，阐述了PPP模式下监理企业的发展措施，从而实现企业的战略目标。

自 2014 年以来，中央持续释放出推进 PPP 模式应用的明确信号，密集出台相关政策，加速推进 PPP 模式落地实施，各地也纷纷公布 PPP 推进方案及项目，PPP 模式将迎来广阔的发展前景。而在实际实施中，由于政府管理观念滞后、政策不配套、管理模式不适宜新形势等，实际存在很多问题，作为工程监理，必须要准确研判好大形势，把握好新机遇，并深入研究和积极应对 PPP 模式带来的新变革、新问题，加快推进企业转型升级。

一、工程案例分析

广州市市政监理工程有限公司参与了广州南沙开发区明珠湾区灵山岛尖综合开发 PPP 项目。通过公开招标，南沙区政府与中国交通建设集团公司（以下简称中交）在平等协商、依法合规的基础上分别按照占 51%、49% 的权重，共同成立了广州南沙明珠湾区开发有限公司（以下简称湾区公司），负责项目的建设管理。政府则成立临时指挥部，负责对湾区公司工作进行监督管理，并负责征地拆迁、质量、进度的协调及监控。该工程总投资 82 亿，涵盖了灵山岛尖 3.5km² 范围内的土地整理、土地征收及房屋拆迁，投资建设区域内市政基础、安置区建设包括新建道路超过 23.6km，桥梁工程 22 座，包含连接灵山岛尖与

横沥岛尖的凤凰二桥项目，综合管廊2319m，河湖及滨水景观带工程6279m，海岸及滨海景观带工程7796m，以及区域内的城市公共服务设施、城市广场、规划河涌、堤岸等基础配套工程、电力工程等。根据计划，该项目建设工期为30个月。项目建成后，将为全面开发灵山岛尖提供完善的基础条件。

二、PPP模式中存在的主要问题及对策

在灵山岛综合开发项目中，虽然政府与中交共同成立了湾区公司，负责整个项目的运作管理。南沙区政府还成立了由区长挂帅的建设指挥部，负责项目全过程监管。施工单位由中交组建总包项目部，中交集团下属子公司通过内部竞标，由总包统一管理，而施工单位则将项目分割成若干个小项目采用劳务分包方式进行分包。设计、监理、监测、检测、咨询等单位均为公开招标或摇珠。在这3.5km^{2}的岛上，一时云集了数十家单位和相当多的管理人员，其中监理单位就达到8家以上。每个项目监理部同时面对几家施工单位及众多检测监测单位，协调难度较大。

虽然参建各方都拥有共同的目标，但管理机构较多、权责交叉重叠、缺乏政策支持等，产生了一系列的问题，对监理工作造成了不少困难和疑惑。

1.指挥部、湾区公司管理权责界面划分不清。二者职责交叉较多，界面划分不清，导致管理错位，许多理应管的事反而没管到。例如政府在征地拆迁、总体规划等方面缺乏力度，对于一些企业、钉子户、墓地征拆滞后，严重影响建设工期。政府在项目总体规划上缺乏清晰思路、规划滞后，实施过程中频频调整，也严重影响到项目进程。政府在微观事务方面介入太深太细，多头管理导致项目管理公司缺乏积极性和主动性，职能失效或失灵，建设工期拖延，监理工作也因监管方太多、相互推诿扯皮、拖延而无所适从，增加监理难度。

对于这种情况，笔者认为，作为政府应转变职能；作为监督者，需减少对微观事务的直接参与，加大对社会资本到位、征地拆迁、总体规划等方面的大力度，加强市场监管、绩效考核等职责；逐步建立起对PPP事务的监督机制，建立事前设定绩效目标、事中进行绩效跟踪、事后进行绩效评价的全生命周期绩效管理机制，优先保障公共安全和公共利益。在征地拆迁方面要摸查企业、钉子户，及早谋划，依法合理利用行政裁决和行政强拆手段，加快安置房建设，树立安置优先的理念，并在统一补偿标准的基础上，适当发挥政策的激励作用，形成拆迁户愿意搬、想早搬、争着搬的良好工作格局。

在项目总体规划方面，由于该项目属于国家级自贸区，项目开发面积大、定位高、建设时间急迫等，出现项目总体规划滞后，调整频繁，成了边规划、边设计、边施工的“三边”工程，给监理、施工工作造成了极大的困扰，也容易造成争端，增加监理协调难度。建议政府要有清晰总体规划的理念、目标，强调总体规划的严肃性，避免朝令夕改。

在建设过程中，政府应加强工程进度和质量的全程监督，根据适用法律对项目公司选择勘察机构、设计单位、施工总承包商、分包商、设备供应和监理公司等单位的合法性、合规性和履行合同等情况进行审查，并要求项目单位报备。在不影响建设进度的情况下对项目工程的施工现场进行检查，强化质量、安全监督。

因此，监理方可以要求项目公司下发各方权责手册，并明确人员分工，以便各项工作的开展。往来文件以文字依据为准，避免日后各方纷争扯皮。

2.管理思想缺乏创新和服务意识。灵山岛建设模式及定位层次比以往常规项目配套服务单位有更高要求。该项目目前有10家以上设计单位和监理单位，20家以上的实验检测和监测单位，相互之间尤其是各设计单位缺乏有机融合，导致工程交叉界面问题频出，直接滞后项目建设进程。另外检测单位众多，检测资质参差不齐，检测范围划分不合理，招标清单漏项或者数量不足，检测单位服务水平良莠不齐，给监理在工程质量把关中增加了许多困难，既担心送错检测单位，又担心漏检，也担心检测数量超标太多而被业主问责等。

对于以上问题，建议争取地方行政部门的许可，按照区域分块招标，引进综合性的设计、监理、检测、监测及咨询单位或者联合体，提高服务品质，减少过程招标及管理协调环节，更好地服务于项目建设，减少监理的协调难度。监理单位也必须派驻有丰富施工经验的监理人员，从全局着眼，注重细节，熟悉合同，尤其是各检测单位合同及检测资质，结合图纸，仔细审查检测单位的工程量清单，看是否存在清单漏项，清单数量是否偏差，是否有检测单位不具备检测项目资质，及时反馈给业主，做到心中有数，未雨绸缪，才能忙而不乱，减少差错。

3. 总承包过于强势，未尽其责。项目管理单位是由城投公司和中交共同成立，总承包也由中交组建，于是这种管理模式存在先天不足。总承包在整个环节中比较强势，将许多职责转移到下面的各分部，没起到应有的总协调及监控工作。项目管理单位同时也面临指挥部、城投、中交的多头管理，出于内部压力对总承包约束力不足，由于各分部施工单位存在以包代管，甚至不管等情况，管理力量薄弱，技术力量不强，加上劳务分包队伍多达十几家，施工工人素质良莠不齐，导致施工安全、质量问题频发。

监理单位本应面对的是项目总承包，项目总承包由于过于强势，在管理上也不到位，不作为，监理便直接跟各分部打交道，所以就存在总承包拒收监理通知单等指令的行为，因此监理工作难度增大，甚至背黑锅，成了替罪羊。如果各分部不配合监理工作，监理单位也因施工、监理合同缺乏相应处罚条款及业主支持，无法约束各分部，造成管理工作失控。

要理顺这种关系，必须找到问题的源头，原因在于项目管理单位既当裁判又当运动员，中交作为投资方，可以以咨询身份参与项目管理，不能直接插手项目管理公司运作，否则监理就处在夹缝中生存，其地位可想而知。另外，要强化总承包的职责，避免总承包强势而转移其应该承担的协调和监控责任。同时要在施工合同及监理合同中明确监理的处罚权力，细化处罚范围及金额，以便监理开展工作时有据可依。监理单位在这种情况下，也要权衡利弊，多跟业主沟通，取得业主的信任，加强和总承包的联手，才能有效管控各分部，避免管理失控。

三、PPP模式下监理企业生存及发展

在灵山岛尖综合开发PPP项目众多监理企业中，不乏数一数二监理企业，普遍存在监理人员流动性高，监理业务素质不高，责任心不足，甚至监理不到位，形同虚设。项目监理部负责人因不满足业主要求而被更换的情况较多，更换专业监理工程师的情况也是司空见惯，甚至个别项目由于存在严重质量问题，施工单位及监理单位均被清理出场，可见该项目标准之高，管理之严。

长期以来，监理企业受制度的制约，仅仅局限于施工过程阶段质量、安全的监控和管理，属于整个项目管理的一个环节，与PPP项目管理服务还有一定的差距。监理企业缺乏项目管理综合素质能力强的核心专业人员，项目部也缺乏各专业人才，临时拼凑的项目部很容易丧失项目管理单位的信任，甚至带来灾难。

面对PPP模式的兴起，监理企业结合自身实力，借助PPP模式这个大舞台，实现企业转型及发展。结合经验，从以下几方面入手，苦练内功，才能达到项目管理服务的水平：

1. 战略上要重视，从体制上、制度上进行改变，逐步向项目管理企业转变。

2. 提高专业化服务水平，积极适应PPP项目投资主体的改变。改变监理工作方式，提高自己的综合素质，加强与投资方、施工单位及战略合作方沟通与联系，以优质的服务，赢得各方的信任，才是立足之本。

3. 依靠PPP模式，拓展企业的发展空间，例如在工程设计阶段介入，可以发挥工程监理的管理经验，优化设计，节约投资，更容易取得业主的信任，从而主导PPP项目策划和实施。

4. 加强人才储备，除了工程领域方面，也要一定的财务和法律人才，消除自身的不足，搭建自己的PPP平台，充分发挥人才、技术、渠道的优势，真正实现高智力、优服务。

5. 转变思路，拓宽经营理念，积极介入PPP模式，广交朋友，可以跟大型国企或融资方进行合作，组建联合体，参与PPP模式运作。

6. 形成自己的企业形象和品牌。增强业主的满意度及企业的信誉度，创造具有公信力的监理企业，在PPP项目中才有较强的竞争力。

PPP项目既是新的发展方向，也是难得的转型和发展机遇。监理企业要把握时机，积极应对，才能从一个监理公司变为项目管理公司，在市场激烈的竞争中方能立稳脚跟，做大做强，实现企业的战略目标，在社会及经济效益上实现质的飞跃。

工程监理安全生产管理的监理工作与监理服务

安徽省建设监理有限公司　鲍其胜

摘　要： 新常态下，社会、政府机构、业主（建设单位）对监理安全生产管理工作提出了更高的要求，加之目前工程监理行业内部竞争的激烈，国家建设工程四库一平台正在进行，作为监理人员只有提供更好的、更高效的、更优质的服务，才能获得更多的监理服务声誉，得到来自社会、政府以及各方的认可，实现监理行业全面健康可持续发展。

关键词： 安全生产管理　监理工作

房屋建筑工程中的监理服务范围不仅仅是三控两管一协调和一履行，还包括建筑安全生产管理监理工作服务范围在内，这需要认识和熟悉这项工的特点、难点，提供优质的安全管理监理服务。

一、实施安全管理的监理工作法律环境体系已基本建成

首先是国家建筑法和安全生产法，之后是依据上述国家法律制定了建筑工程安全生产管理及其处罚条例等，条例中明确了各参建单位的安全生产责任；第二，由中华人民共和国住房和城乡建设部以及中华人民共和国国家质量监督检验检疫总局联合发布的国家标准建筑施工安全技术统一规范 GB 503870-2013，其中就有涉及监理单位的关于安全技术文件等安全生产管理监理工作的具体要求；第三，建设工程监理规范 GB/T 50319-2013 中已明确的术语 2.02 条，建设工程监理名词解释已定义为履行建设工程安全生产管理法定职责的服务活动。与此同时，各个地方已按照相应的法律、法规和部门规章规范制定了适应本地的监理安全生产管理规章制度和要求，其中安徽省有关监理安全生产管理方面的内容，2016 年 2 月 15 日，李锦斌省长签署第 265 号省政府令，《安徽省建设工程安全生产管理办法》执行时间为 2016 年 4 月 1 日实施。

二、实施安全监理管理的社会环境需要来自包括施工企业、业主（建设单位）等内部参建和外部与工程建设相关方的各方参与与理解

在工程建设中，有时来自社会新闻报道出现某基坑、某模板支撑架以及其他大中型机械设备等施工中安全事故，这些带来了较大的不良社会影响，不利于建设监理以及现代社会向着中国梦方

向的健康发展需要；另一方面，业主要求的建设目标工期时常有定额工期被压缩或出现各个不同施工阶段要求工期实施不合理的现象（如20世纪末，美国就出现施工周期由7天一层改成5天一层，未采取相应的施工措施而加快施工进度周期出现楼板坍塌的现象）。在全力追求经济效益时，相应的保障措施未能按照压缩要求实施动态控制和落实，造成了一些安全隐患和事故等社会反响较大的问题，为此建设单位通常把施工现场的安全责任交于监理，但也出现少数非总包单位自己进行选择分包的单位其安全生产管理不在日常安全生产管理监理工作之内。有的项目对该项工作做得较好（事先与建设单位做好了沟通与协商），设置了如大中型机械设备日常检测、深基坑支护、施工现场临时用电、临边洞口、高支模等专项安全检查检验的日常监理工作，效果较好；综上所述，监理单位的工作内容需要在现场增加项目建设工程安全生产管理的监理工作任务。

三、目前房屋建筑工程中的安全生产管理监理工作的难点

1. 安全生产管理监理工作施工图设计文件需要协助解决的安全事项

随着现代社会快速发展和实际工程进度的加快，以及四新技术的发展与推广，建设工程更为复杂，例如住宅建筑，大部分住宅建筑的外墙设计为涂料或真石漆，外墙施工采用电动吊篮的施工操作较多，而施工外墙时屋面分部工程基本完工，这时的电动吊篮前后支架是安装在已施工完成的屋面上，但是屋面结构设计的均布荷载承载力理论上通常不能满足要求（尤其是高层和超高层住宅的各种不同标高的屋面）；再有住宅楼机房及楼梯屋面设计通常为不上人屋面，但是该部位外墙装饰施工也要使用电动吊篮，若前后支架的安装（有的屋面平面尺寸几乎不能满足电动吊篮支腿的安装）和操作安全绳固定等实际安全生产管理监理工作，在施工图设计文件时加以考虑和进行设计（如在该位置设计预留固定或预埋件等），其现场安全管理和控制效果会更好；当然该位置也有少数风机、消防环管、管线以及一些高层及超高层建筑在屋面女儿墙上设置的航空障碍灯等设备，该处的屋面女儿墙设计通常无防护（常设计为非上人屋面），施工时应按照安全防护要求设置防护栏杆（建议应留作永久性的安全防护栏），否则完工后的检查以及后期使用的日常检查与维护安全生产管理等实际实施是较困难的；上述这些是安全生产管理监理工作所面对的普遍现实问题，也是监理为建设单位服务所面对的风险之一。

2. 对建质[2009]87号《危险性较大的分部分项工程安全管理办法》的通知的理解与明确

在实际施工监理过程中，住宅工程多为高层，也有少数是超高层的建筑，其外墙多为外墙涂料（非建筑幕墙），实际是需要组织进行专家论证的，但是相应的87号文附件二中的第六其他项第一条，“施工高度50m及以上的建筑幕墙安装工程”，未有明确要求外墙涂料施工高度超过其相应的高度规定进行论证，实际存在一定的危险性，尤其是超高层外墙施工，监理按照《GB 50870-2013建筑施工安全技术统一规范》中相应的危险源划分以及《JGJ 202-2010建筑施工工具式脚手架安全技术规范》（实际施工使用电动吊篮）吊篮安装及钢丝绳安全的要求设施组织专家专项论证。

3. 安全生产管理监理工作施工阶段主要大中型机械设备的安装与日常维护检查与检验所遇到的普遍现象

如在房屋工程项目建设中，垂直

运输机械通常使用外用电梯（施工升降机），按照建筑施工升降机安装、使用、拆卸安全技术规程 JGJ 215-2010 的要求，其中施工升降机的使用规定要求，应每 3 个月进行一次坠落试验，并形成验收记录，确保施工机械设备运行安全，实际实施操作时，该项工作还是有一定困难的。

多数项目未能严格按照上述规程的要求进行试验实施，这也是安全生产中普遍存在的现象；再有建筑工程中的垂直运输机械设备塔吊，其安装大部分在基础底板下完成，底板在该处需要留设施工缝，尤其是多雨的季节或有些地方雨水多，塔吊基坑积水十分常见也是常态，当然日常检查也要求施工单位排除隐患及时抽除积水，但具体实施还是有些困难，这也是安全生产管理监理所面对的风险之一。另外针对塔吊的基础设计，如采用建议的方案实施，可以从源头上消除隐患，塔吊的基础安装可以改成不留施工缝（其长期的排水以及留设的施工后浇带后期清理等费用也高于不留施工后浇带的做法，同时也更有利于安全生产）。上述问题是普遍存在的现象，也是安全生产管理监理工作中的重点。

4. 外挑脚手架的搭设与安装

在住宅房屋建筑工程中，通常住宅楼的阳台与卧室、楼梯或电梯与厨房、卧室之间墙体设计为转角，在这个位置，总有一些外挑工字钢安装不符合一般方案要求或方案中几乎没有特别说明，也就没有该位置的计算，这样通常造成搭设长度就超过原来 1250mm 的外挑方案长度（按照规范），实际搭设可能要加长 800~1200 之间，有的外挑长度更长，大部分工程在该位置未做相应的措施（采取增加钢丝绳卸荷等相应的措施），所以该位置实际施工中还是有一定的隐患存在；另外按照相应的旧规范扣件式钢管标准，现场使用的大部分钢管未执行新的标准《建筑施工扣件式钢管脚手架安全技术规范》JGJ 130-2011，钢管直径为 ϕ48.3mm × 3.6mm。

综上所述，工程项目中有的安全事项需要事前策划，制定相应的满足快速施工进度等方面要求的对策。从源头上实施控制，如在施工图设计时就进行相关要求和设计；关于新标准的实施，需要来自政府的督查，社会以及参建各方对标准的遵照执行和实施。总之，监理（监理需要具备很好的技术技能和丰富的工程实践经验）要提供有效的服务（有些项目，监理需要事先在前期设计与勘察阶段实施监理，这样效果会更好些），做好充足的事前策划，按照预控的方案计划实施、进行检查和检验，落实整改和完善，这样才能较好地减少和降低施工现场的一些安全风险。

参考文献：

[1] 李云峰.施工期间钢筋混凝土结构多层模板支撑设计研究[D].桂林：桂林学院，2007.
[2] 施工升降机防坠安全器的检验标定及常见问题.设备管理建筑机械化2011（增刊2）.

监理合同下的监理人权益保障初析

南京工大建设监理咨询有限公司　郑利光

摘　要： 针对监理合同实施中的常见违约纠纷，进行原因剖析，并提出维护监理权益的一些建议措施，旨为在监理合同下维护监理人权益提供思路。

关键词： 监理合同　违约责任　权益保障

监理合同属于服务委托合同，监理工作所提供的是一种有偿的技术服务。监理的工作是在委托人所委托的范围内，运用各种方法和技术措施，对施工阶段的质量、进度、投资、安全文明等进行监督管理。由于受限于各种现实原因，发生各种合同纠纷屡见不鲜，使得监理人权益（本文主要指经济利益）受到损害。

一、监理合同下的监理人权益的现状

1. 到期不支付监理费

通常合同监理费支付方式为按进度节点支付或按时间节点支付，当工程到达预定的支付节点（进度达到某一节点或时间到达某一时点）委托人需支付对应监理费。但出现未能及时按合同约定支付的现象屡见不鲜，原因种种（拖延审批支付申请、资金紧张等），甚至以监理服务不满意为借口拖延或不支付。

2. 监理人员（数量、资历标准或驻场时间）投入超出实际工程需求

委托人为增加对现场的监督、减轻自身管理投入或成本，或因对监理人员投入缺乏科学认识，通过不合理合同内容或奖罚条文约定，脱离现实地片面要求监理人员高投入和高出勤率，忽略监理人力资源投入的实际效率，使得监理人员投入的成本被动增加，损害监理合同利益。

3. 监理范围或造价变化，咨询服务费用难调整

施工合同上的造价往往低于最终工程决算造价，毕竟合同签订时只有工程概预算作为参考依据，带有计划性。实际因为各种原因造成造价增加，客观上也造成监理费增加。有些项目，委托人为顺利通过上级立项或可行性评估审评或回避行政审核，简化招标形式，以较低价格进行招标签约，实际的工程量（造价）远高于监理合同约定，客观造成监理服务范围（或工作量）增加，尽管监理人按照合同约定，提出增加监理费诉求，但因种种原因，很难达成补偿协议。

4. 延期咨询服务无法得到费用补偿

工程延期竣工常有发生，分析延期竣工原因众多（气候、设计变更、采购不及时、施工方投入不足、销售市场波动，等等），很少与监理履约不当或履约不力有直接相关，造成监理被动性延期服务，实际增加监理的人员成本等各项开支，降低合同利润率。现实中尽管监理人提出增加延期报酬，并非均能获得成功补偿。

5. 克扣监理费现象时有发生

咨询服务的评价标准难以全面量化，尤其是智力服务。一定程度上监理服务优劣由委托人（甚至是某个人）的主观评判，造成客观评价的随意性。有些监理合同约定的奖罚条款，为委托人（个别）提供克扣监理费用提供可乘之机。即使新监理合同示范文本4.3条中明确有监理人无过错免责的规定，有些质量、安全事件（事故）与监理人无关，但也面临连带责任的经济罚款。

6. 监理费实际决算周期太长

绝大部分的监理合同监理费均是暂定价格，实际按工程投资（造价）、监理服务时间的实际变化，调整最终实际监理费总价。工程投资（造价）决算周期长短，不同投资主体对工程决算审计的要求不同，通常1~2年内，大项目或其他原因2~3年也常有发生。这期间监理人员已经退场，对工程决算的进度和结果信息无法跟踪及真实了解，这就加大按实决算监理费的难度，最终实际监理费少算、漏算成为无奈的选择，且其期间投入的人力财力成本也是一笔监理成本负担，使得合同利润大打折扣。

7. 结清监理费尾款有难度

监理合同中往往约定保修履约金，比例不同，常见5% ~ 10%，并约定保修期满后支付。《建设工程质量管理条例》关于保修期期限按专业有规定，不同专业规定不同，如签约时对监理服务保修期无合同明确规定年限，容易造成保修期支付时限混淆，引发合同纠纷，影响监理费尾款的结清。

二、原因剖析

合同内容中关于当事人之间权利和义务的约定是整个合同的实质性内容重要组成。权利和义务往往存在相对关系，对一方而言是权利，而对另一方而言就是义务。故而，一方违背合同约定，不履行义务，就造成另一方不能享有权益或使权益受损，合同就起纠纷。换句话说，合同当事人一方不履行合同义务或者履行合同义务不符合规定时，须依照法律规定或者合同的约定承当民事法律责任。

监理合同权益受损，来源于承担自身违约责任、委托人侵权（或违约）、不可抗力三个方面。通常，前二者所指违约是一方权益受损的前提条件，后者就是合同中的不可抗力导致合同全部或不能履行，双方各自承担其因此而造成的损失、损害。

1. 监理人承当自身违约责任

监理人违约分成三种形式：不履约合同规定的工作和义务（不履约）；完成合同规定的工作和义务，但履约不全面或没有达到其要求效果（履约不充分）；采用不当方式履约，使委托人利益受到损害（不当履约）。

（1）监理人不履约

指监理人签订监理合同后，未进行履约准备和实施。这种情况极为少见。

（2）监理人履行义务不充分

主要指监理人未能按合同要求履行义务（服务范围不足、标准不达标等），造成违约，引发委托人追究违约责任。无论是主观上故意或客观因素都可能造成履约不当或不力。

主观上故意违约几种可能：监理人为利润最大化，未按合同要求的标准配置，减少投入；减少服务内容和范围；监理人员消极工作。客观因素违约几种可能：监理人员的技能水平和执业能力有限，即使勤奋工作，也未能达到合约的服务标准；合同订立时不完善，有失公平或明显偏离客观实际（例如监理质量目标为鲁班奖，得不到就处罚），委托人要求投入标准偏离行业实际（例如一个小项目必须几名国家注册的人员驻场要求）。这些有失公平或含有偏离实际苛刻要求（合约中的监理义务），从合约签订开始，就使得监理人时时刻刻处于违约的高危状态。

（3）监理人不当履约

指采用不当方式（或监理人员违背职业道德）履约，使委托人利益受到损害。例如未进行隐蔽工程验收，就批准下道工序施工，结果出现质量事件。与施工方达成交易，以次充优，降低质量标准或虚报工程量，使得委托人利益受损。

2. 委托人侵权（或违约）

现阶段下，委托人侵权（或违约）较为普遍，委托人利用在委托合同前的主导地位以及过程中的监理费支付权，过度追求自身企业利益或个人不当目的的最大化，减少、转移自身义务或风险，通过不公平的合约或不合理的指令侵害监理人正常权益。通常表现以下几种方式：

（1）提供格式合同（非国家示范文本），但附加了很多有失公平或难以完成的额外内容义务，通过阴阳合同的方式对法规法律赋予监理的权限进行限制或缩小、取消。

（2）越权直接指挥现场施工，消减监理对现场施工的监督管理权。

（3）不按合同（时间、数额）支付监理费。

（4）无视合同约定，不按实进行监理费总额结算。

（5）其他违背合同约定义务的行为。

3. 合同订立时不完备或有失公正、公平

在合同签订时，误解合同个别条款内容的含义或合同内容表达不清等，这属于非主观故意。还有一种属于故意隐瞒项目信息（例如故意隐瞒工程造价信息）造成监理费用偏低，也会影响监理人的实际投入，并给合同实施过程留下纠纷隐患。

4. 不可抗力的影响

不可抗力指合约签订时双方不可预见，合同履行期间不可避免、不能克服的自然灾害和社会突发事件，以及合同中专用条件中约定的其他情景导致合同全部或不能履行，双方各自承担因此而造成的损失、损害。

三、监理合同下监理人权益保障

1. 找准监理自身定位，明确自身义务和权利

（1）监理权益来源于授权委托。作为监理人，也是监理委托合同的代理人，委托代理人是指基于客户（被代理人）的委托，行使客户指定的有关权益与权力的个人或法人。具体权益与权力由客户与委托代理人双方法律文件确定。咨询服务对象是委托人，服务目标是客户满意。

（2）监理是在法律法规和合同约定下开展服务咨询活动

监理合同属于服务咨询合同，国家相关建筑法律法规及监理委托合同，赋予了监理的权利、义务及违约违法的责任。监理开展工作中的直接依据是委托人（建设方）的授权与委托，其本质应类似于合同代理关系，唯一不同地方是增加了国家强制的特征和隐形的社会义务。

运用所掌握的专业技术技能，为委托人提供专业化的服务，维护建设单位的合法权益，使得工程投资效益最大化。同时，在进行监理活动时，也不能损害其他有关单位的合法权益。具体包括合同形式、合同内容、合同标的等构成要件必须符合法律要求，不能违背公共利益，不得损害其他法律所保护的利益（国家安全、环境、公民身体健康、社会道德及风俗习惯等）。

（3）监理不是生产者，也不是生产的指挥者、决策者，它对工程的重大事项往往只有建议权（例如确定设计标准，确定施工单位，施工合同的签订，重大设备的采购），而没有决定权。对建设工程施工过程中的违法行为只有监督权，无处罚权。监理工作的服务性和监督性决定了其工作的职责属性只能作为建设行为的监控主体之一，而建设工程的施工方为工程质量、安全的自控主体（直接责任主体）。

2. 采用新版示范合同文本，完备契约十分必要

监理合同示范文本（GF-2012-0202）于 2012 年 3 月 17 日开始实施，新监理合同突出委托合同性质（授权、咨询服务性）与民法、合同法的要求更加吻合，与新监理规范配套呼应。合同示范文本区分正常监理服务（施工期间）和其他服务（勘察、设计、保修等）的界限，支付申请的期限为每次支付前 7 天等，为保障监理权益，便于实施起到很好的示范作用。

但新合同格式文本实施力度不大，以南京为例，招标文件提供的格式合同以及中标后签订的合同仍在大量采用老式合同格式版本（GF-2000-2002），变相延长监理现场服务时间（至少要免费承担保修阶段监理服务）。因此，在招投标阶段及签约阶段，采用新示范合同文本尤其必要。

其次，契约不公平不完备也带来监理权益受损的潜在风险，这归结于监理业务市场还是买方市场，个别建设单位（委托人）依仗强势地位，额外增加不合理、有失公平合同条款。为取得业务，监理单位主动或被动作出承诺，为履约过程的违约埋下隐患。对于这种状况，只有作好合同实施的风险评估，然后结合自身的风险承受能力作出风险处置的方式选择。

另一方面，通过提高市场业务人员的专业素养，熟悉监理服务知识、合同有关法规，来减少合同起草或签订时的个别当事人的工作失误或误解，避免签订了事实不公平条文。同时，在投标期间，针对合同内容中不合理的内容与招标人进行充分解释、沟通，力争最大程度达成共识，减少事后纠纷。

3. 提高监理人自身履约能力和服务质量是关键

全面提升履约能力是保障监理服务质量的最主要的积极措施，这取决于监理人员综合素质（工作能力和效率、职业道德、努力程度）、监理机构的自身投入、企业诚信与自律管理等。其中人才是核心要素，咨询服务质量的优劣取决于驻场监理人员团队的综合能力，尤其是总监的业务能力和领导才能。投入高素质的监理人员才可能实现优质服务，是保障合约顺利履约的前提。为此，企业应当在人才建设上做好人才的引进、培养、薪酬等方面的重点投入。其次，在人员投入基础上，企业给予必要的履约保障措施（仪器、后勤、技术支持）和运行监督（行为监督、效果评价、纠正），保持同委托人有效交流，了解委托

人需求和对咨询服务的评价和反馈信息，并及时采取针对性的有效措施，在提高履约满意度的同时，大大降低违约风险。

4. 加强合同履约过程的信息资料管理，运用法律手段维权

当合同发生纠纷时如协商达不成共识，只能通过仲裁或诉讼来解决，实现权益保全。监理合同履约过程中，双方履行义务的信息或记录将在仲裁或诉讼时作为直接证据，关系到维权的成功与否。

（1）提倡与委托人、利益相关人（主要指施工单位、材料商）之间书信来往

工程质量、安全生产的第一责任主体是施工企业，监理负有法定的工程质量、安全生产监督责任。即使发生工程质量、安全生产事故，只要监理已经充分履职的，就应当不负有任何责任（新监理合同示范文本中 4.3 条款）。因此监理自身履约依据或证明材料的管理工作尤显重要，这些证据主要体现在监理日常资料上（尤其是体现在新监理规范上 A 类、B 类、C 类表上）。同时注意到这三类表中适用于监理与委托人二个主体的只有 C 类表中的 C.0.1（工作联系单），但也未能充分体现合同双方的履约信息，个人认为监理人可适当增加一些与委托人联系的表格，更加规范书信来往，保障监理合同履约信息的完整全面性。

（2）加强合同履约过程的信息资料管理

现场项目管理人员存在流动性（包括委托人、监理人员等），工程资料的管理存在难度，尤其是涉及监理合同来往书函资料，有些不在工程归档范畴内，各方重视程度不够；有时还有出现委托人拒绝接收的情况（例如监理费支付申请、延期工作时间确认等）；有时也存在信息不对称（例如监理人未能见到工程最终审计决算报告，无法准确实现按实结算最终监理费）。由于缺乏书面资料的充分依据，造成发生纠纷争议时，缺少真实证明有效材料，即使发生仲裁或诉讼也难以界定是非。难以保障监理人合法利益。

因此，加强履约过程的信息管理是项重要而不可忽视的工作。尤其是一些与监理费、投入成本、服务评价信息、双方来往书函有关联的文件资料要加以收集、整理、存档，万一发生合同纠纷，可作为界定违约成因、区分责任的直接证据。

5. 发挥监理协会的引导、辅助作用

作为行业的组织，各级监理行业协会代表整个行业的利益，参与行政部门的有关政策的制定；引导、监督监理企业认真实施新合同、新规范，诚信规范履约，对违背诚信、违背职业道德的企业和个人给予严厉的处理建议，另一方面，监理协会可以通过自身的专业优势、信息资源优势开展专业法律咨询服务，在企业发生重大纠纷或诉讼时，调动整个行业资源，帮助监理企业维权，最大限度地维护监理企业合法权益。

6. 积极参保监理职业责任保险

工程项目一般投资额较大，一旦因监理工程师的职业责任原因给业主或第三方造成重大损失，意味着发生索赔时赔偿数额巨大。所以对于一些特殊项目（规模大、施工技术复杂、安全生产风险大等），建议监理人适当考虑办理监理职业责任保险，也是实现合同风险部分转移的途径。

四、结语

基于《建设工程监理规范》GB/T-50319-2013、《建设工程监理合同（示范文本）》GF-2012-0202 的实施，在进一步明确监理的服务咨询属性的同时，监理的第三方地位也有淡化趋势。在市场竞争加剧和委托人需求不断提高的当下，如何保证监理人的监理合同权利得到充分保障，是很多企业关心的共同话题。

参考文献：

[1] 建设工程监理规范GB/T－50319－2013

[2] 建设工程监理合同（示范文本）GF－2012－0202

[3] 江苏省建设工程监理现场用表（第五版）

GPMIS监理项目管理信息系统的实际应用分析

贵州建工监理咨询有限公司 苟周　李富江

摘　要： “GPMIS监理项目管理信息系统”是江苏建科建设监理有限公司开发的，针对监理项目信息管理的专项软件，应用了近一年之后，现将其使用情况向各位监理同仁汇报，供大家参考。

关键词： GPMIS　软件　监理　应用　分析

回顾两年来的监理市场，大家都感受到了在新形势下，监理市场竞争异常激烈，同时也充满了机遇和挑战，作为监理市场的参与者，在这样的大环境、大趋势下，想要摆脱困境，寻求更多的机遇，必须不断地提升和改进企业的管理方式，以适应市场的需求。

贵州建工监理咨询有限公司始终将满足社会和业主的需求作为企业监理服务工作的宗旨，并将此作为企业生存和发展的根本理念。在当前大数据时代，我们积极运用互联网、数据软件等辅助工具对现场监理工作进行管理，进一步提升现场项目监理机构的工作水平。基于这一管理理念，公司确定了“做好现场监理服务精细化管理”的工作目标，并明确必须通过各种先进的、有效的管理方式来改善和提高企业与项目监理组的工作水平和工作效率。据此，在贵州省建设监理协会的牵线搭桥下，我们从江苏建科建设监理有限公司引进了“GPMIS 监理项目管理信息系统”这一管理软件，作为实现“作好现场监理服务精细化管理”工作目标的辅助工具。

2015 年 8 月份引进该管理软件后，我们结合贵州省情和公司实际情况对该系统在实用性方面进行了大胆改进，以求将本软件的作用发挥到极致。由于是初次使用，没有成熟的实例指引，因此

现阶段是边学边改边用。

现将我公司“GPMIS 监理项目管理信息系统”的使用情况，与大家进行交流分享。自引进该软件后，为使其发挥更有效和更实际的成效，我们曾多次与江苏建科公司信息系统负责人反复沟通交流，结合省情、相关规范要求、公司实际情况，在试运行的基础上，进行了两次较大的改动。

一、管理模块建立情况

1. 分别建立了以项目信息、质量安全、合同造价、进度管理、知识管理等为主的共计 72 个 WBS 节点，合计 289 子节点（房建 2015 版、市政 2015 版）。

2. 在 2015 年 11 月，根据公司模拟演示操作及项目使用情况的反馈，在房建 2015 版、市政 2015 版的基础上，重新编制了更具有针对性的房建 2016 版、市政 2016 版、园林绿化 2016 版。

3. 在各个子 WBS 节点下，链接了参考资料，编制了相关作业指导书及监理控制要点等资料。目的是使项目监理机构在监理过程中，可以根据相关作业指导编审相关资料，如根据“施工组织设计作业指导及监理控制要点”便可以方便指导项目监理机构进行审查。

4. 在公司知识文档里囊括了 2690 份标准、规范、图集以及贵州省地方管理规定及文件以及公司多年来总结出的监理工作资料的模板。且公司监理中心根据相关规范的更新，随时对相应的内容进行调整修改，使整个知识库处于动态更新而不过时，项目监理人员随时学习监理业务知识和各项监理管理流程。公司于 2015 年 11 月开通使用手机客户端，更方便项目监理机构人员随时随地登录系统平台查阅相关资料。

二、信息系统使用情况

首先，根据公司组织框架结构进行了权限角色分类，建立了以公司领导管理层、公司职能部门、分公司二级管理机构、项目总监理工程师、专业监理工程师、资料员等角色。再根据角色分类和公司在岗人员建立了相应用户，并根据不同需求进行了全局安全配置和项目安全配置；对不同的用户授权相应的权限。如项目资料员权限仅为上传资料、下载模板资料、查看作业指导及监理要点等信息，不能修改项目信息、不能删除项目等。

公司职能部门对该信息系统进行了公司内部主要管理人员的培训，其主要内容是：怎么建立新项目、建立用户并给予相应的授权？怎么审查项目上传的资料？怎么解答项目在使用过程中遇到的问题等。

目前公司有 115 个项目在使用该软件，并要求工期在半年以上的新开工项目必须同步使用。

三、该系统主要使用优点

1. 推动企业实施标准化、规范化监理工作上了一个崭新的台阶

在公司资料库内大量现行的规范、标准、图集，以及凝聚了贵州建工监理多年的监理工作经验和心血的模板资料和案例，为监理人员打开了一扇学习的大门，也为他们对现场质量、进度、投资控制及现场安全生产的监督管理等监理工作带来了极大的帮助。

2. 公司管理层能及时掌握各个项目监理资料情况

施工现场监理项目部的各种工作报告、工作联系函、监理通知单、月报、周报、例会纪要、定期检查整改及回复、监理规划和细则、安全和质量交底、施工组织设计及专项方案的审查情况等资料，都可以动态进行管理，可以随时在公司办公室或是手机上查阅，尤其针对地理位置较偏远的项目部，在很大程度上节省了时间和费用；公司对重点、难点项目可以有针对性的及时沟通和进行实时帮扶。

3. 信息传递便捷

一方面，公司管理层通过该系统，及时传达各种重要的政府部门发文及公司的各种工作管理要求，发布各种重要信息，使用者通过手机客户端就可以及时查看到各种与工作相关的重要信息。另一方面，有相当一部分的工程监理资料，可以不再向公司报送纸质材料，减少了办公纸张的使用量，既环保低耗又能够使得公司对工程档案资料有一个比较完整、便捷的归档保存。

4. 便于监理资料的展示和保存

公司生产经营所需的项目主要监理资料，可以直接在公司本部而不用去施工现场提供较好的后台展示。不仅可以很好地向潜在业主方展现工程监理业绩与公司的管理成果，更方便业主方可以快速初步判断企业的监理工作能力及水平。项目竣工后，可以对所有项目监理资料进行一键打包、下载备案，便于资料的永久性保存。

5. 对在监项目进行实时监控

（1）各个项目监理机构在项目监理过程中，可以根据现场工作实际情况进行内部交流、平行沟通。

（2）公司管理层可以根据项目监理机构上传的形象进度图片，了解工程的进度，便于公司对项目的重点监控。

（3）对公司定期检查巡视中发现的问题及时跟踪，督促项目监理机构及时整改，减少公司管理层现场检查的频率，降低了管理成本。

（4）项目监理机构在使用过程中，可根据施工合同的相关条款对合同进行预警控制。如合同信息预警，超过几个月以上未进行任何变更或支付的合同有几个；合同支付预警，累计支付金额达到当前合同额 70% 的有几个；按合同支付节点计算，将要到期的支付项有几个，按合同支付节点计算，已逾期的支付项有几个；合同变更预警，当单笔合同变更金额达到原始合同额 20% 时有几个，等等，可以真正做到造价及合同的动态管理。

四、该系统主要使用缺陷

1. 公司管理人员未亲临现场督促，部分项目监理人员偷懒，在使用系统提供的监理模板时，不结合项目实际情况进行有针对性的修订和编制，导致部分监理资料针对性不强。项目监理机构上传的资料，仍需专人审查并进行确认。

2. 设计文件资料不能及时上传到系统平台，导致现场巡视、平行检查、验收等，仍需以纸质设计文件开展监理工作，包括编审资料。项目实际施工情况不便于拍摄视频，只能拍图片，可以考虑与贵阳市建筑工地远程视频端口进行衔接，形成视频信息公用。

3. 该信息系统暂无端口给予甲方，导致甲方相关负责人第一时间不能了解项目实际运转情况。暂时不能与贵阳市建筑工地远程视频端口连接，导致不能随时随地关注到项目施工现场实际施工情况。

五、后期对本系统软件的改进

1. 对于项目模板资料进行结构化自定义，同一份资料根据不同项目，对于需要修改的地方在后台进行结构化自定义，并将修改内容标注不同的颜色，如监理实施细则中“专业工程特点”的修改标注黄色，“监理工作要点”修改标注为紫色等。

2. 项目监理机构上传的资料，每天固定时间在手机客户端提醒管理员进行审查确认。每个项目监理机构上传的资料，设置一个固定的时间用短信的方式在手机客户端提醒系统管理员，各个项目上传的什么资料、上传了多少份，系统管理员可根据其事项的轻重缓急，进行有针对性的审查，这样可以真正做到及时控制。

3. 监理人员进场后，可以根据项目情况，给建设单位相关负责人安装手机客户端，便于建设单位相关人员随时关注项目的实际进展情况（包括项目的资料、安全、文明施工、质量、进度），让建设单位随时了解项目监理机构开展的具体的监理实务。

4. 可以考虑将设计文件图纸转换为 pdf 文档，上传到该系统平台，便于项目监理人员在现场巡视时，随时通过手机客户端查阅图纸，方便、快捷地处理监理过程中的具体问题。

5. 可以考虑与建设行政主管部门对接，让远程视频端口共用，也便于监理人员随时通过手机客户端、电脑的视频资料，掌握现场的实际施工质量、安全文明施工状态，真正做到不留死角，进行全过程、全方位的动态监控。

结束语：我们将“GPMIS 监理项目管理信息系统”近一年的应用实践，分析总结出来与大家交流，旨在为正在使用或拟使用该软件的广大监理同仁，提供几点浅薄的参考意见，同时为推动和提升监理行业走向规范化、标准化、精细化道路，尽一份心，出一份力。

文中分析总结的几点建议和意见，均来自于我们真实的应用实践，一家之言，若有不当之处，敬请批评指正。

土木工程桩基础种类及适用特点分析

河南建基工程管理有限公司　张伟

摘　要： 通常高层建筑物的基础形式有：条形基础、筏形基础、箱形基础、桩基础和沉井基础。因此，合理地选择桩基础形式，对于保证建筑物安全、节约投资、降低造价起着举足轻重的作用。

关键词： 发展　基础　结构　方案

一、引言

桩基础在工程中有多方面的应用，拿房屋建筑工程来说，桩基应用于上层和下层的软固体的部位。具体来说，以下是适合采用桩基础的情况：(1)高层建筑物，天然地基承载力和变形不能满足要求的时候；(2)基础薄弱，以及使用的地基加固技术是不可行或经济上不合理的时候；(3)地基软硬不均或荷载分布不均，天然地基不能满足结构差异沉降要求的时候；(4)地基土质不稳定，如液化土、湿陷性黄土、季节性冻土、膨胀土，等等，需要使用桩基荷载传至深层土壤稳定的土层的时候；(5)建筑物受到邻近建筑物或地面荷载效应的影响，会产生过量沉降或倾斜。

桩基已成为软弱地基上高、重建筑物，桥梁、码头、海洋平台等结构经常用到的基础形式。

二、桩基的概述

1. 桩基的类型

(1)根据持力情况分为端承桩和摩擦桩。穿过软土层而到达深层的坚实土层，其上部荷载主要由桩尖阻力来承受，主要以贯入度为主，在施工的时候，桩尖进入持力层的深度和标高可供参考，这是端承桩；摩擦桩只是打入软弱土层一定的深度将软弱土层挤密，目的是提高土壤的密实度和承载力，桩尖阻力和桩身侧面与土之间的摩擦力共同承受上部结构的荷载，施工时要以控制桩尖的标高为主，其贯入度可作参考。

(2)根据施工方法可以分为预制桩和灌注桩。预制桩依据将桩沉入土中的方法不同又分为打入桩、静力压桩、振动沉桩和水冲桩等。灌入桩首先是在桩位处成孔，然后放入钢筋骨架，最后再浇筑混凝土而成的桩，灌注桩按照成孔方法的不同分为泥浆护壁成孔、干作业成孔、套管成孔及爆破成孔等几种灌注桩。

2. 桩基础类型的选择

(1)当浅部的地层比较软弱的时候，地基的承载力或变形不能满足承载力设计的要求时，虽然可以采用浅基础，但是在不经济的时候可以采用桩基础。

(2)桩端的持力层应该选择比较硬的土层或岩层。桩端进入持力层的深度，对于黏性土、粉土、沙土、全风化、强风化软质岩等，不应该小于2d，对于卵石、碎石土、强风化硬质岩等，不应该小于1d。桩端进入中、微风化岩的嵌岩桩，桩全断面嵌入岩层的深度不应小于0.5m。嵌入灰岩或其他微风化硬质岩时，嵌岩深度可以合理地减少，但是不应小于0.2m。

三、桩基础种类及适用特点

1. 人工挖孔桩

1）人工挖孔桩现状

（1）竖向荷载比较大的高层建筑或高耸构筑物，对限制倾斜和不均匀沉降有特殊要求的建筑物；

（2）有大吨位级吊车的重要厂房；

（3）建筑物荷载较大，采用天然基础沉降较大，或建筑物比较重要，不允许有过大沉降的情况；

（4）有大面积堆载的建筑物，如仓库、港口集装箱堆场等，容易给软弱地层带来严重的变形和不均匀的沉降，对本建筑或者相邻的建筑物将造成危害，这类建筑物适合采用人工挖孔桩来避免严重变形和不均匀的沉降；

（5）不宜作为基础持力层的时候，如地表软弱土层比较厚、地表局部有暗流、深坑、有古河道等；

（6）可能引起不均匀沉降或滑坡的地方，如山区、坡地的覆土层厚薄程度相差较大、变化梯度较大等；

（7）场地的上部有可液化土层，为满足地震设防要求，需要用桩穿过液化层，将荷载传递到深部非液化土层上的时候；

（8）因生产工艺对地基沉降与沉降速率有严格要求的厂房或者是有些承受动力荷载的设备基础。

因此，人工挖孔桩有广泛的用途。但由于人工挖孔桩是在地下或水下开孔灌注成桩，桩身质量不可能像预制桩那样稳定而可靠，混凝土强度也难保证，桩侧阻力和桩端阻力在较大程度上受施工操作影响。另一方面，由于其承载力高，进行常规的静载试验常常难以测定其极限荷载，因此对在各种条件下形成的桩的受力、变形和破坏机理至今犹未完全弄清楚，系统的试验研究还不够多，设计计算理论与方法有待进一步完善。这都是人工挖孔桩迫切需要解决的问题。

2）人工挖孔桩设计

（1）桩型的选择及桩的布置

桩型与工艺选择应根据建筑结构类型、荷载性质、桩的使用功能、穿越土层、桩端持力层土类、地下水位、施工设备、施工环境、施工经验、制桩材料供应条件等，选择经济合理、安全适用的桩型和成桩工艺。人工挖孔桩一般采用一柱一桩，按《建筑桩基技术规范》JGJ 94-2008 扩底端最小中心距为 1.5D 或 D+1m(D 为扩大端设计直径)。

（2）选择桩的桩长、截面尺寸及配筋

根据上部结构的荷载传递情况及地基土层分布情况，选择各主体建筑的桩长、截面尺寸及配筋。确定桩长的关键，在于选择桩端持力层。按《建筑桩基技术规范》JGJ 94-2008，一般应选择较硬土层作为桩端持力层。桩端全断面进入持力层的深度，对于黏性土、粉土不宜小于 2d，砂土不宜小于 1.5d，碎石类土，不宜小于 1d。当存在软弱下卧层时，桩基以下硬持力层厚度不宜小于 3d。

2. 预制桩

1）预制桩的特点

优点：桩本身的质量十分容易进行检查和保证，这种桩对于水下施工比较适用，而且其桩身是密度很大的混凝土，所以抗腐蚀的能力很强；工地机械化施工程度高，现场整洁，不会发生钻孔灌注桩工地泥浆满地流的情况，也不会出现人工挖孔桩工地到处抽水和堆土运土的忙乱景象；施工周期短：施工前期准备时间短，沉桩速度快，检测时间短；施工中由于压桩引起的应力比较小，并且桩身在施工过程中不会出现拉应力，桩头一般都是完好无损的，复压比较容易；单桩承载力高，由于挤压作用，管桩承载力要比同样直径的沉管灌注桩或钻孔灌注桩高；对持力层起伏变化大的地质条件适应性强。因为管桩的桩节长短不一，通常 4~16m 一节，搭配比较灵活、方便，在施工现场可以随时根据地质条件的变化调整接桩长度，节省用桩量。

缺点：预制桩很难把比较坚硬的底层穿透，当坚硬的地层下面还有需要穿过去的相对来说软弱一些的土层的时候，就需要借助其他施工设施和方法；预制桩作为挤土桩，在施工时很容易使周围的地面发生隆起，有的时候还可能使已经安置好的邻位的桩发生上浮；预制桩的价格比灌注桩要高，因为预制桩是根据搬用、吊装以及压入桩的应力进行设计的，所以比正常的工作的载荷要求要大很多，所用到的钢量也很大，此外，在接装的过程中，还要增加一定的费用；而由于受到起吊成本的能力的制约，单节桩不要选择太长的来使用，通常一般的就可以了。

2）预制桩的适用条件

预制桩对于那些持力层的上面覆盖着一层松软的土层，同时中间的夹层不是很坚硬的条件下比较适用。对于大面积打桩的工程，因为工序比较简单，工作效率比较高，所以如果打桩的个数比较多时，可以把预制价格较高的这个缺点抵消掉，这样就节省了基础建设的投资规模。

3）预制桩静压施工工艺

静压法施工是通过静力压桩机的压桩机构自重和桩架上的配重作反力将预

制桩压入土中的一种成桩工艺。静压预制桩主要应用于软土，一般黏性土地基。在桩压入过程中，系以桩机本身的重量（包括配重）作为反作用力，以克服压桩过程中的桩侧摩阻力和桩端阻力。当预制桩在竖向静压力作用下沉入土中时，桩周土体发生急速而激烈的挤压，土中孔隙水压力急剧上升，土的抗剪强度大大降低，从而使桩身很快下沉。

3. 灌注桩

1）概念

灌注桩是指在建筑工地现场成孔，并在现场灌注混凝土时制成的桩，是用桩机设备在施工现场就地成孔或者是采用人工挖孔，在孔内放置钢筋笼，它的深度和直径应该根据工程的地质报告，由设计单位所决定。

2）特点

（1）适用于不同的土层；

（2）桩长可因地而改变，没有接头。目前钻孔灌注桩的直径已达 2.0m，有的桩长达 88m，例如济南黄河斜拉桥的钻孔灌注桩的直径为 1.5m，桩长达 82 至 88m；

（3）在只承受轴向压力的时候，只需要配置少量的构造钢筋。需配置钢筋笼的时候，要按照工作荷载的要求布置，节约了钢材；

（4）单桩承载力较大（采用大直径钻孔和挖孔灌注桩时）；

（5）一般情况下比预制桩经济实用；

（6）桩身质量不好控制，容易出现断桩、缩径、露筋和夹泥的现象；

（7）桩身直径比较大，孔底沉积物不容易清除干净（除人工挖孔灌注桩外），因而单桩承载力变化比较大；

（8）通常不适用于水下桩基。但在桥桩（大桥）的施工中，有采用钢围堰（大型桥梁）中进行水钻灌注桩的施工，如南京长江二桥在进行桥桩施工的时候，采用大直径围堰，然后在围堰中进行水钻灌注桩施工的工艺，保证了桩基施工的质量。

3）灌注桩的适用条件

（1）沉管灌注桩

沉管灌注桩，现在已经广泛用于多层住宅房建设当中，有时采用单打，有时采用复打的工艺，主要根据土层的松软程度和单桩的承载力来决定。适用于持力层层面起伏比较大且桩身穿越的土层主要为高、中压缩性黏性土；对于桩群密集，并且为高灵敏度软土时则不适用。由于该桩型的施工质量很不稳定，所以有时会限制使用。

（2）水钻孔灌注桩

此类桩除了在碎石土、自重湿陷性黄土、砾石层中不适合使用，其余土层基本上都适用。目前，对单桩承载力较大的高层建筑、大跨度的工业厂房、大型桥梁等工程中，基本都使用了水钻孔灌注桩。

（3）螺旋钻孔灌注桩

螺旋钻孔灌注桩适用于基本无地下水，且桩长有一定限制，一般不能穿过卵石砾石层，这种桩形属非挤土型干钻孔桩，不需要泥浆护壁，因此施工工期比水钻孔灌注桩要短，现场无泥浆污染。

4. 管桩

1）发展现状

目前预应力管桩的研究方向主要集中在预应力管桩竖向极限承载力计算上，主要有两种方法：一是利用桩身结构强度来确定单桩竖向极限承载力及桩身最大允许的轴向压力。二是按照土体的强度和土体的变形来确定单桩竖向极限的承载力。确定单桩承载力经常使用的方法如下：

（1）静力学计算法：依据静力学原理，根据预应力管桩单桩竖向承载机理分析桩侧阻力、桩端阻力，并利用岩土的强度参数估算出单桩竖向的承载力。这种方法只能用于工程初步的设计阶段。

（2）原位测试法：通过对场地内工程桩进行静载荷试验、静力触探试验、标准贯入试验和旁压试验等，来确定桩侧阻力与桩端阻力等单桩承载力的资料。

2）管桩的工艺分类

预应力管桩生产工艺主要采用预应力张拉技术和离心制管技术，其桩身主要由圆筒形桩身、端头板和钢套箍组成，是目前基础设计中不可缺少的桩基材料。预应力混凝土管桩按照预应力张拉工艺，可分为先张法预应力管桩和后张法预应力管桩。预应力管桩按混凝土强度又可分为普通预应力管桩和高强度预应力管桩。

四、总结

桩基础具有承载力高、稳定性好、沉降量小而均匀等优点，能以不同的桩型和施工方法适应不同的地质条件和上部结构特征。随着科学技术的发展，桩的种类和型式、施工工艺和设备以及桩基理论和设计方法都会有很大的改进，并且桩基础的设计是一项十分繁重而复杂的工作，结构设计人员一定要慎重考虑每一个环节，统筹兼顾，不仅要保证建筑物的结构安全，而且要使设计经济合理。我们要根据工程中地质的具体资料，从工程的相关特性来进行选择和使用。尽量达到效益上的最大化，把技术和经济有机地结合起来，真正达到经济上最大的收益。

深基坑支护技术

北京希达建设监理有限责任公司　佟志华

摘　要： 深基坑工程具体表现在大型的建筑物建设地下室需要进行深开挖施工，实际上深基坑只是深开挖的一种类型。目前伴随着我国大型建筑工程越来越多，深基坑技术的应用越来越广泛。本文就深基坑支护技术在我国建筑工程中的应用现状、施工要求进行探讨，并通过北京一个实例深基坑工程进行简介，对深基坑工程的支护施工技术作一个全面的了解。

关键词： 建筑工程　深基坑　支护技术

随着我国国民经济的迅速发展，许多大型建筑和高层建筑工程剧增，为了合理充分地发挥和利用地下空间，许多建筑物都会设立地下设施，为了保证工程的顺利进行，提高工程质量及企业的竞争力，减少施工过程中对周边建筑物的影响，采用深基坑支护的施工技术已经势在必行，经过深基坑技术的实施应用和不断创新，使相关的设计和施工人员累计了丰富的施工经验，随之大量的新结构、新工艺不断涌出，随着社会经济的高速发展，深基坑施工的环境条件受到限制，各建筑物基础间距不断减小，部分基础边缘间距仅有几米或十几米，给深基坑支护技术带来了更高的技术难度。由于对深基坑支护工程质量不够重视，给整个工程带来了很多问题，因此加强深基坑支护技术在土木工程中的应用，对建筑的强度和稳定性有重要的影响，对保证工程质量具有重要意义。

一、深基坑支护技术的应用现状与技术要求

1. 深基坑支护施工技术的应用现状

深基坑的支护技术应用经过长期实践，形成了一个根据不同地形、地质条件、不同经济条件的深基坑支护技术体系。

目前建筑工程中深基坑支护技术的应用常见有：自立式支护、桩锚支护、土钉墙支护、组合型支护、地下连续墙和钢板桩等。10m 以内的深基坑工程最常用的支护技术为喷锚土钉墙支护技术和桩锚支护技术。如果地质条件良好、

场地充足的条件下，15m 左右的深基坑也是可以应用以上的喷锚土钉墙技术。通常桩锚支护技术既能挡土，还能挡水，而土钉墙支护技术更多是应用在地下水位过低的地方。土钉墙技术一般可以单独使用，也能联合其他各种支护技术使用，使得这种支护工艺成为当今深基坑工程中最常用的技术。

2. 深基坑支护施工技术的要求

目前大型、高层建筑工程中，深基坑支护的施工技术要求根据建筑物的占地面积、周围环境、地质条件等进行合理设计，选择适宜的支护技术是确保深基坑施工安全的关键措施；由于深基坑支护工程要保证基坑四周稳定，也是确保主体结构施工的关键；因此，选择适宜的支护方法，避免对周围建筑物、构筑物、地下设施等的影响。

二、某工程深基坑支护技术应用分析

1. 工程总概况

北京某工程，建筑物的平面形式呈方形，地下 3 层，地上 11 层，工程为钢筋混凝土框架和剪力墙结构，建筑面积 84000m^2，护坡面积 12100m^2，基坑深度为 19m，支护形式采用组合型支护形式，即土钉墙加桩锚支护。

关于地质条件，根据野外钻探、原位测试及室内分析，在本次岩土工程勘察最大勘探深度范围内（50.00m）的地层，按沉积年代可分为人工堆积层和一般第四纪沉积层，按岩性及工程特性又可划分为 11 个大层及其亚层。

关于水文情况，本次钻探期间，钻探深度范围内见有两层地下水。第一层为潜水，初见水位埋深 9.20 ~ 13.20m，静止水位埋深 8.70 ~ 11.70m，绝对标高 34.82 ~ 37.76m。第二层为微承压水，静止水位埋深 23.10 ~ 25.20m，绝对标高 22.04 ~ 22.17m。根据地下水水样对水质分析检测结果，依据国家标准《岩土工程勘察规范》GB 50021-2001 2009 版有关标准判定，第一层地下水对混凝土结构有微腐蚀性，对钢筋混凝土结构中的钢筋有微腐蚀性。根据土样的易溶盐分析检测结果，依据国家标准《岩土工程勘察规范》GB 50021-2001 2009 版有关标准判定，土对混凝土结构有微腐蚀性，对钢筋混凝土结构中的钢筋有微腐蚀性。

2. 工程特点

该拟建工程位于繁华的街区，南侧为某研究院办公楼及配电楼，西侧紧邻小区基础约 15m，场地狭小，周围环境复杂，各建筑材料进出场困难，且周围环境要求高，施工时间有限制，总的来说施工场区面积狭窄。

3. 深基坑的支护施工技术

根据工程水文地质，周围环境等，采用混凝土灌注桩、预应力锚杆、土钉墙和止水帷幕桩相结合的支护方案。

1）混凝土灌注桩

混凝土灌注桩工艺流程为：平整钻孔场地、测量放线布孔、挖设排水沟和布设泥浆池、桩机就位和制备泥浆、钻机钻孔，洗孔清孔、吊放钢筋笼、浇筑灌注桩水下混凝土等。开钻前，检查轴线的定位点与水准点是否正确，放线定桩位等。桩机就位后，在桩位位置埋设孔口护筒，起到定位、储存泥浆以及护孔等作用。准备工作完成后，开始钻孔。钻孔时，根据钻进速度和钻机是否有异响，判断地质变化情况；当钻孔的深度达到要求后，进行清孔。清孔工作完成并通过检测后，进行钢筋笼吊放施工及水下浇筑混凝土。在吊放钢筋笼前，在钢筋笼上安装定位钢筋环，控制钢筋笼就位准确；然后开始水下浇筑混凝土施工。采用导管法作业，确保浇筑连续进行。

2）混凝土灌注桩质量控制要点

施工的质量控制要点有：垂直度不能大于 1%，护筒中心和桩中心的偏差不能超过 5cm，埋深不能低于 1m，泥浆的比重最好控制在 1.1 ~ 1.2，孔底沉渣的厚度不能超过 15cm；钢筋笼安放位置准确，钢筋连接满足规范要求；水下浇筑混凝土施工需要连续作业，保证导管埋入混凝土内深度不小于 2m，速度适宜，避免堵管或钢筋笼上浮，同时桩头超灌 1m。灌注桩混凝土养护完成后，按照相关规范和设计要求进行质量检测，确保质量合格。

3）止水帷幕桩

止水帷幕桩桩工艺流程为：测放桩位→钻机就位→钻到设计标高→高压旋喷注浆→由下向上到设计顶面→视情况下钻复喷→移位等。移动钻机定位后，调整桩架对准孔位用水平尺掌握机台水平，立轴垂直、垫牢机架、钻机的垂直度满足精度要求开钻，直至设计深度后高喷灌浆，灌浆按设计的提升方式及速度自下而上提升，直至提升到设计的终喷高程。

4）止水帷幕桩质量控制要点

桩位偏差控制在 50mm 内，垂直度控制在 1.5% 内，高压水泥浆压力 35 ~ 38MPa，流量 Q=70 ~ 80L/min，压缩气压力为 0.6 ~ 0.8MPa, 气量 60 ~ 80m^3/h，浆液采用 P.S.A 32.5 级矿渣硅酸盐水泥搅制，浆液比重 1.4 ~ 1.5，旋喷提升速度为 10 ~ 15 cm/min，旋转速度为 12 ~ 15n/min。

5）锚杆支护施工要点

锚杆施工工艺流程：钻机就位→校正孔位调整角度→钻孔至设计孔深→拔

出钻杆→插放钢绞线束及注浆管→压注水泥浆→2 ~ 3 次注补浆→养护→安装钢腰梁及锚头→预应力张拉→锁定。锚杆支护方式适用于土层性能较好或软土层较薄的施工场地。对基坑深度较大的工程，桩锚杆的一些参数有严格要求，土层锚杆在开挖的深基坑墙面或者尚未开挖的基坑立壁土层钻孔，一般形成柱状，在钻孔过程中，应重视对成孔参数的控制，使成孔处于合理范围内，塌孔、掉块、涌沙、缩径等是成孔的通病，出现以上问题应重新钻孔或在规范的范围内移动孔位；成孔后及时将预应力钢绞线或者其他类型的抗拉材料放入孔内，灌注水泥浆液材料，令其和土层结合成为抗拉力强的锚杆。这样的支护技术能够让支撑体系承受很大的拉力，有利于保护其结构稳定，防止出现变形。

6）锚杆质量控制要点

锚杆长度控制在 ±30mm 内，锚杆位置控制 ±100mm 内，倾斜角度控制在 ±1° 内，水灰比 0.5，灌浆后锚杆浆体强度未达到设计要求前不得受扰动。锚固主体浆体强度均大于 15.0MPa 或达到设计强度的 75% 时方能进行张拉，锚杆正式张拉之前，取 0.10 ~ 0.20 倍设计轴力值，对锚杆预张拉 1 ~ 2 次，使其各部位的接触紧密，杆体完全平直，锚杆张拉至 1.0 ~ 1.1 倍设计拉力，土质为沙质土时保持 10min，为黏性土时保持 15min，然后卸载至设计的锁定荷载进行锁定作业。

7）土钉墙施工要点

土钉墙是指在开挖的土坡土体中打入土钉，使土钉与面层喷射的混凝土共同与土体构成一个承受土钉墙后面土压力的类似重力挡墙。它能约束墙后土体的变形，保持土坡的稳定性。土钉墙的施工一般包括钻孔、插筋、注浆等过程实施。由于土钉墙在一定程度上是利用了土体与土钉间的相互作用来保持土钉墙的稳固，所以土钉墙支护技术的应用范围是工程性质较好且处于地面水位以上的粉土、黏性土及无黏性土。而工程性质较差的淤泥质土、饱和软土则不适合选用土钉墙支护技术。此外，当工程遇到开挖土坡的变形有比较严格的限制、土钉墙施作范围内存在地下水及基坑周围安全等级要求较高等情况时，应避免使用土钉墙支护方法。土钉墙施工工艺流程：边坡开挖→边坡修整→测量定位→成孔→插锚筋→注浆→编网→主筋连接→喷射混凝土→找平→养护。

8）土钉墙质量控制要点

土钉位置控制在 ±100mm 内，土钉长度 ±30mm 内，钻孔直径控制在 ±5mm 内、深度控制在 ±50mm 内、土钉成孔角度控制在 ±10% 或 1° 内，钢筋网片保护层厚度 30mm 。

4. 深基坑支护施工重点难点及解决方案

1）深基坑支护施工的重点难点

预应力锚杆层数多，锚杆设计长度长，轴向设计拉力大，地下岩土、水文地质较为复杂，锚杆施工质量的成败关系到整个工期长短，也是影响深基坑安全的重点，预应力锚杆的施工工艺的选择及施工是深基坑支护的关键点之一。

2）深基坑支护施工的解决方案

锚杆施工结合了本工程的岩土、水文地质等选择了带浆钻进和孔底压浆相结合的施工工艺，带浆钻进和孔底压浆锚杆施工工艺流程：后台压力注浆设备准备就绪→钻机就位→校正孔位调整角度→压力注浆钻孔至设计孔深→压力注浆拔出钻杆→插放钢绞线束及注浆管→2 ~ 3 次注补浆→养护→安装钢腰梁及锚头→预应力张拉→锁定。

5. 深基坑的支护效果

在深基坑支护完成后的施工期间，无坑壁坍塌问题出现，止水帷幕效果良好，通过仪器对周围建筑物进行监测，无明显的变形现象出现。土钉墙、混凝土灌注桩和锚杆支护能够保证该工程的顺利进行，并且保障周围的建筑物的安全，因此实施深基坑支护施工方案是安全可行的。

实施深基坑支护技术的办法有很多，但是在具体的工程该选择哪一种支护技术，需要综合考虑工程地质条件、水文条件、周围环境等因素，做到因地制宜，精心设计，管理严密，以充分发挥深基坑支护技术的作用。

住宅产业化工程塔吊的安装及使用

安徽省建设监理有限公司　朱德亮

关键词：建筑产业化　吊装　装配式结构

随着产业结构优化转型，推动了建筑行业向绿色、环保、高效、节能的技术进步，大力推广住宅产业化，工厂化生产各类新型结构体系日益完善。无论是全装配式结构还是装配整体式框架结构及剪力墙结构，都是把一个个工厂预制好的房屋构件运到现场进行吊装，完成主体结构施工。千万个预制构件依靠塔吊一层层吊装起来，没有塔吊配合，产业化生产高层建筑无法建造。装配式结构特征和施工工艺与常规建筑存在较大的差异，对塔吊的安装和使用提出了新的要求。监理审核塔吊安装方案和构件吊装方案，也必须准确把握装配式结构特征和工业化生产的内涵。

一、房屋构件超长超重，塔吊选型必须满足吊装要求

房屋建筑一般包括：柱、梁、墙、楼板、楼梯、阳台等，住宅楼房间都有一定的层高、跨度、净深等空间尺寸要求，装配式结构深化设计时，房间的一方墙就是一到两个构件，顶板楼板也有是整板构件，构件单体尺寸大、重量大，又是不可拆分的。一块预制剪力墙板，长度可能达到6m，高度3m左右，厚度0.2m，加上保温装饰层，重量超过8t，单跑楼梯段也是在6t左右。大大小小的构件分布在楼层的不同部位，和塔吊距离有远有近，最远处最重构件的起重力矩，应在塔吊起重性能曲线允许范围内。

装配式结构的住宅楼，正常选用的塔吊起重性能在100吨米到160吨米，以目前使用较多的中联重科生产的QTZ160(TC6517-10)塔式起重机为例，2.5～16m幅度距离，起重量都是10t。在20～30m幅度距离，起重量为9～6t，这也是高层住宅吊装使用率最高的幅度范围，只要塔吊定位合理，一般是能满足要求的。当然塔吊选型也要经济合理，大吨位塔吊的投入和运行成本也就大，大马拉小车也是一种不必要的浪费。合理选型，科学定位，寻求塔吊最佳安装方案和优化预制构

件样图设计，是装配式结构吊装方案的首要任务。

二、房屋构件薄壁易损，吊装时要保持均衡受力

装配式结构工程经过深化设计绘制构件加工样图，墙板上须留有门窗洞口和水电管槽，整体强度差。叠合楼板中预制楼板仅 6 ~ 7cm 厚，面积可达 $10m^2$ 以上，虽然设置有格构架加平面外刚度，但在吊装运输过程中稍有闪失就会产生裂纹。构件的特点要求在起吊时要平稳，轻起轻落，塔吊司机不光要有熟练的操作技能，而且应通过专门培训，掌握构件的受力特征和技术要领，避免操作不当使构件受到损坏。

构建的大小形状各有不同，吊装时要使构件均匀受力，须利用专用吊具来平衡提升拉力。吊索与构件水平夹角不宜小于 60°；宽度大于 4m 的墙板采用横梁吊装；预制楼板不少于 4 个吊点，长度大于 6m 的采用 8 个吊点，吊点应前后左右对称布置并能保持构件水平。专用吊具的强度和刚度能满足最不利工况构件受力安全，自制、改造、修复和新购的吊具应经过静载试验及动载试验合格后使用。

三、构件吊装要顺应精密装配工业化生产方式

装配式结构施工技术核心之一，就是编制和实施吊装方案，吊装方案除塔吊选型、平面布置和吊具设计外，还包括构件吊装的先后顺序、偏差调整、固定连接等安装程序和操作工艺。构件安装顺序颠倒会导致后装构件无法就位造成返工，或者是连接节点内钢筋难以理顺影响到结构整体强度。结构吊装不能是传统的垂直运输和水平运输粗糙操作模式，而是一种工业化大生产的精密装配，构件的位置、朝向、标高、垂直度及平整度允许偏差也就是 2~3mm，安装误差过大不但削弱了结构整体稳定性，也给板缝防水处理和装饰抹灰增加难度，依靠后期抹灰粉刷层来凑合墙壁、天棚的平整，也就失去了装配式结构的自身价值。塔吊司机和安装人员要先熟悉吊装方案，作业内容心中有数，操作动作一丝不苟、配合默契，只有高质量的吊装精度，才能充分体现装配式结构的优越性。

四、塔吊附着件安装能适应装配式结构体系

塔吊顶升到规定的自由高度以上时，必须通过附着支撑系统与主体可靠连接来维持自身的强度和刚度，保证高层建筑的吊装安全。常规建筑都是在外墙的柱或梁上预埋附着钢板或支架进行连接。装配式结构塔吊附着支座设置，要适应装配式结构特征需解决以下几个问题：第一，结构外围均由预制构件封闭，梁柱也是预先加工好的构件，仅有局部少量连接节点和边缘构造为后浇结构。在预制构件上设置附着支座因强度有限，难以承受塔吊运行时传递的拉力和推力，需要根据塔吊安装方案中各级附着点平面位置，把该位置的预制构件改为现浇构件，以便预埋安装附着件。因预制构件上禁止开孔凿洞，也可选择附着撑杆穿过门窗洞口在室内连接，同样室内附着点也改为现浇。第二，预制构件在深化设计时未考虑塔吊附着受力强度的配筋，改为现浇的附着点应在原构件配筋基础上通过受力强度计算增加配筋。通常一个附着点增设 8~10 根直径 18mm 的钢筋，并在上层和下层现浇结构中锚固牢靠。第三，因为装配式结构为无外架施工，在外墙外侧安装拆卸附着装置要有可靠的安全保护措施，搭设必要的操作平台和防护围栏，不可盲目冒险

作业。

五、群塔平面布置要科学合理、安全方便

产业化施工的高层住宅，或者是一个装配式结构建筑项目，每栋楼号都要安装 1~2 台塔吊，一个小区往往要有几十台塔吊同时运转。密集的塔吊机群加大了塔吊防碰撞和吊装干扰的几率，安全风险较大。群塔施工的平面布置主要做好塔吊定位、起重臂方向设定、起重臂长的调控三方面的工作。合理定位不但满足了吊装要求，也给塔吊选型最佳经济方案提供依据，大塔吊安装位置不合理，可能浪费掉一部分起重性能，成为大马拉小车。合理的定位要根据塔吊使用说明书、楼层建筑平面图、构件布置图、构件堆场和运输道路等现场环境综合考虑，避开地下室柱梁、剪力墙等承重构件，同时要给后期安装施工电梯、外架、龙门吊等设施留有空间条件。

起重臂朝向的摆放，依照现场总平面图中各栋楼的位置及楼间距离，兼顾后期可能安装提升机械位置，让起重臂正好处在空隙当中，实现后期顺利降塔。安装一台塔吊一般放在建筑物外沿中间，起重臂朝向和建筑物轴线平行。安装两台塔吊的楼栋，塔吊宜放在楼层平面对角线终端，起重臂朝向和轴线相交一定的夹角，如夹角设定有误，在拆除塔吊过程中，前后臂遭遇下方新生建筑物或施工电梯等设施阻挡而无法正常降塔，如此尴尬局面也屡见不鲜。

塔吊起重臂长短，在不同施工阶段可选用不同的臂长，基础施工阶段地下室占地面积大，大多为一层结构，宜选用长臂扩大覆盖范围，能充分发挥塔吊作用，但必须同步安排好高塔低塔错层距离和先后施工区域划分。主体施工阶段，因主楼的单层面积要比大地下室小得多，只要能满足吊装幅度，臂长宜尽可能选用短臂再二次安装。较短的臂长能克服和减少塔吊碰撞的安全隐患，也避免了相邻塔吊在运行中停车等待。臂长不宜超过相邻塔吊间最小距离，大臂也不宜伸进相邻栋号楼层轮廓范围，否则将始终压制相邻楼栋施工高度不可超越而影响到全局进度，特别是不同施工单位标段分界处的相邻塔吊臂长，必须全方位协调严加控制。

六、加强塔吊及吊具的检修维保养

装配式结构吊装，起重量大又集中连续作业，塔吊重负荷长期运行，传动件磨损加大，连接节点螺栓容易松动，受力架体会发生变形，限位保险机构受损失灵。潜在的安全隐患不及时排除，可能就会出现机毁人亡的重大安全事故。因此装配式结构施工塔吊保养周期需相应缩短，要求 15~20 天就要进行一次全面检修保养。塔吊司机的日常检查必须一丝不苟，当班发现的问题及时修复。塔吊管理有严明的制度和岗位责任，组织机构、规章制度、技术标准和专项资金全面落实到位，相关人员发挥敬业精神，使塔吊在建筑产业化施工中发挥更大的作用。

总之，装配式结构吊装塔吊的安装及使用，除上述特点外，同样要熟读了解塔吊生产厂家的“使用说明书”。塔吊基础处理、立塔升塔、保养维修和拆卸降塔等常规项目，必须按照使用说明书规定的程序和要点进行操作。同时还要严格执行塔式起重机相关技术规范和安全规程，遵循建筑主管部门的管理规定及报批程序。建筑产业化给建筑业的发展带来新的机遇和挑战，让我们奋战在施工一线的同仁们，共同努力，攻克难关，迎来建筑业又一个美丽的春天。

基于BIM技术的变电站工程项目管理应用实践

广东创成建设监理咨询有限公司　高来先　张永炘　黄伟文　李佳祺

摘　要： 随着BIM技术不断地被工程建设领域推广应用，其在应用方面出现了显著的变化。本文介绍了500kV变电站工程应用BIM技术进行项目管理的实践，通过BIM技术的应用使项目管理规范化、标准化、精细化、信息化。项目以BIM平台为中心，各参建单位基于平台进行信息交互，使用平台实施进度模拟进行进度监管，结合手机端进行灵活、高效的质量、安全管理，进行施工方案验证及交底，复杂施工工序的可视化交底等，并对“BIM+物联网”技术应用进行了初步探索。

关键词： BIM技术　项目管理　应用

随着BIM技术不断地被工程建设领域推广应用，其在应用方面出现了显著的变化。从聚焦设计阶段向施工阶段深化应用，从单业务向多业务应用，从单纯技术应用向项目管理发展，从标志性项目向一般项目应用延伸。

某新建500kV变电站工程，场地总面积为93899m^2，站区围墙内占地面积45165m^2，建筑物主要包括主控通信楼、380kV中央配电室、消防水池及水泵房等，项目具有传统变电站工程的特点，电气设备、电力电缆、设备构支架等多而复杂。

项目团队在建模前制定了相应的建模规则，并依据施工蓝图及变更修改图建立变电站三维信息模型，包括建筑、结构、机电各专业模型。建模过程依照规则进行，采用既定的命名方式，按规则进行颜色分类，录入规定的构件属性信息。

该工程旨在通过施工阶段综合应用BIM技术协同管理，实现各参建单位之间的信息共享，促进单位之间的协同工作，实现项目管理精细化，使各参建单位能够更深入地参与到日常管理当中。项目结合BIM平台高效分享了项目信息，辅助施工进度、质量、安全、场地等进行有效、动态、可视化的管控，对甲供物资的BIM和物联网结合进行了初步探索，项目管理集成化效果初显，工程建设质量、管理水平、工作效率明显提升。

在项目BIM技术应用过程中，各参建单位基于BIM平台开展工作，围绕平台发起、执行和关闭任务，平台作为一个高效快捷的辅助工具，帮助实施各项工程管理职能，初步实现了项目管理。

一、基于BIM技术的进度管理

项目开始之前制作了WBS工作分解，按照输变电工程质量验收与评定标准进行项目划分，并制作对应的进度计划，如图1所示。将WBS导入到BIM

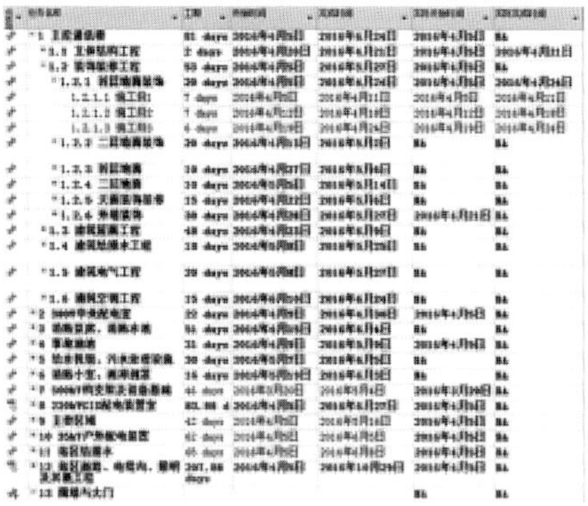

图1 WBS工作分解图

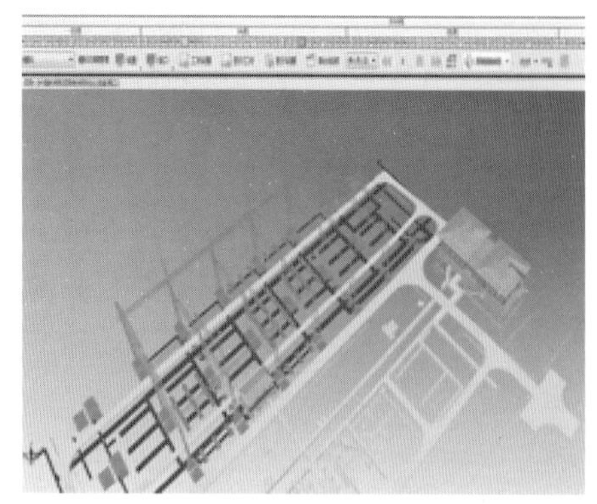

图2 计划时间与实际时间对比模型

图3 WBS滞后工序

平台，同时将工程模型导入到BIM平台，在平台上对WBS的工序和模型进行关联。WBS中的进度为计划进度，实际进度由现场应用过程中每天实时录入。关联完成后即可查看工程4D计划进度模拟，可查看某时间节点的计划进度模型，亦可查看某模型构件的计划施工时间。当录入实际进度开始和结束时间后，可查看任一时间的实际进度模型，模型所显示的进度即是现场施工进度，可以通过模型还原现场的施工进程。同时，平台还可以进行实际进度与计划进度对比，自动找出滞后工序（如图3），模型以不同的颜色显示滞后工序（如图2），让人一目了然。

该变电站工程项目BIM应用实践中，红色表示延迟，黄色表示进行中，实体颜色表示已完成，未开始的则不显示模型。某时间节点施工模拟模型如图2所示，红色部位有C排构支架和主控楼二层墙面装修施工存在延迟，黄色部位有站内道路、电缆沟、35kV场地设备基础正在施工。在工程协调会议上，结合平台展示实体进度情况，提出进度滞后问题，各参建单位会上分析原因，探讨提出解决措施。该项目工程协调会上结合平台提出两个问题：一是主控楼二层装修工程发生滞后，施工单位提出原因是该层装修方案临时发生修改，避免此类问题，需要业主提早进行方案审核，结合三维模型审核效果更佳，及早确定方案；二是500kV室外配电装置C排构支架施工延迟，原因是构架设备进场延迟，解决此类设备到货延迟问题，需要提前精确的统计进货清单，制定到货计划，定期将到货计划发送厂家，才能协调好到货进程。使用BIM平台进行进度分析模拟，不仅直观形象而且便于交流，将工程量、构件信息等诸多信息都关联到进度上来，可通过进度提取工程量清单、构件类型等信息，对工程协同管理起到了至关重要的作用。

二、基于BIM技术的质量安全管理

项目使用BIM平台手机端、PC端与云端相结合的方式，对现场发现的质

图4 手机端质量、安全问题“按图钉”任务列表

图5 手机端质量“按图钉”任务

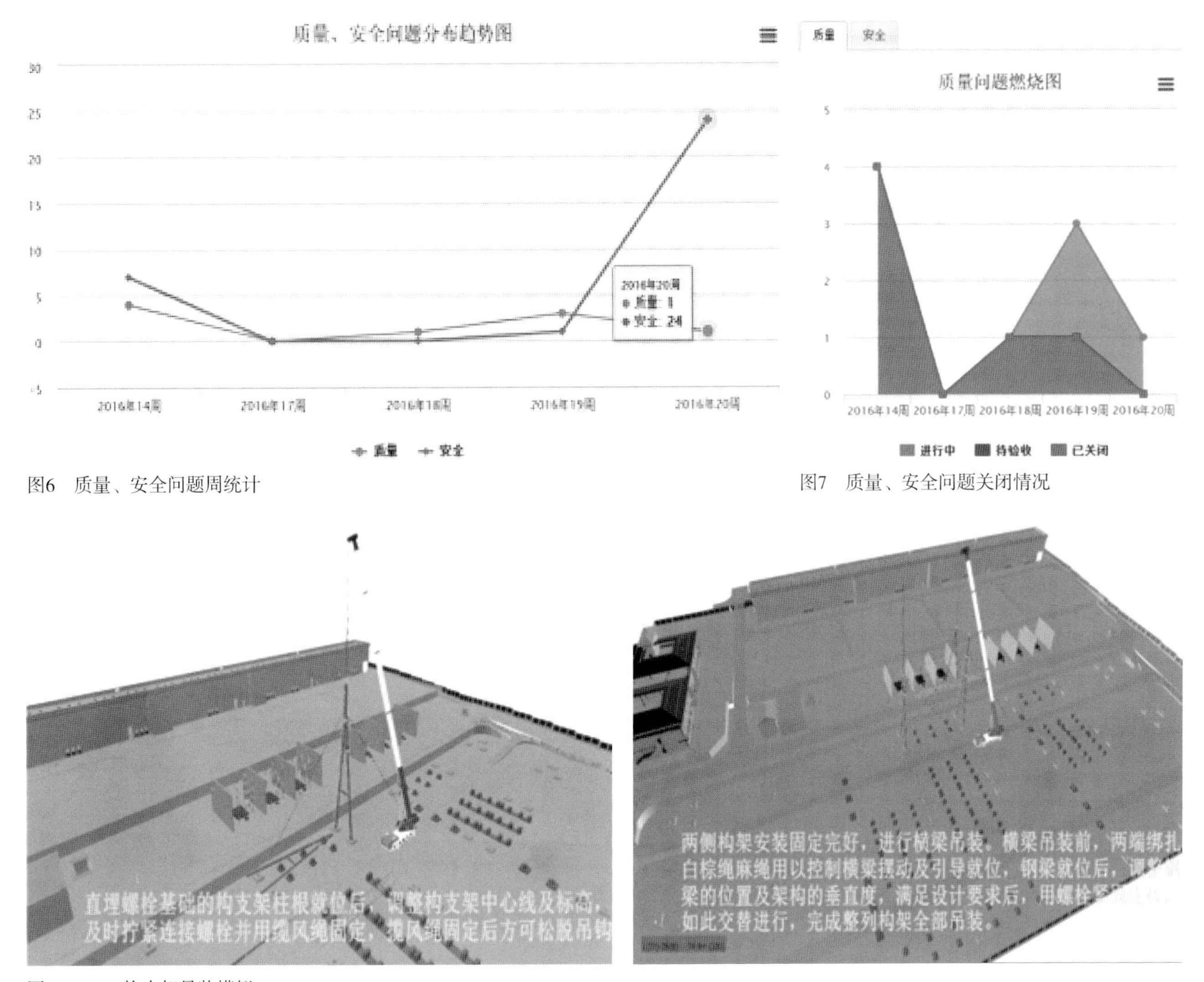

图6　质量、安全问题周统计

图7　质量、安全问题关闭情况

图8　500kV构支架吊装模拟

量、安全问题进行管理，随时记录问题、上传云端，快速协调沟通、解决关闭。

现场管理人员使用 BIM 手机端可以在第一时间通过照片、语音、文字相结合的方式对现场发现的质量、安全问题进行记录，精确“按图钉”定位到 BIM 模型相应位置，形成质量、安全“按图钉”任务列表，任务将落实到对应责任人。质量、安全“图钉”生成后将发送至对应责任人账号，责任人手机端会收到问题通知提醒，问题处理完毕后附照片回复，发单人收到回复再确认关闭。项目管理人员通过平台手机端可以随时随地查看现场质量、安全问题的类型、专业、责任人、现场位置、整改情况等，项目通过使用质量、安全问题“按图钉”管理，简化了各单位人员之间的沟通，提高了现场质量、安全问题处理的灵活性，提高了工作效率。

另外，BIM 云平台提供了的质量、安全问题统计分析功能，将质量、安全问题按照分布趋势、负责人、专业、类型、责任人分别进行分类、统计、分析并形成图表，方便管理人员对现场问题的跟踪。另外，将分析图表用于质量、安全例会、现场协调会，清晰、直观地反映了现场质量、安全管理状况，提高了会议的效率。

三、基于 BIM 技术的施工方案验证及交底

该变电站 500kV 配电装置场地构支架由于钢构件较多，重量较大，且工期较紧，构架与支架分开吊装，吊装过程必须作好安全风险管控。项目 BIM 人员将 BIM 模型载入 BIM 模型软件 Navisworks，根据吊装方案制作模拟动画，模拟了 500kV 构支架的吊装过程，

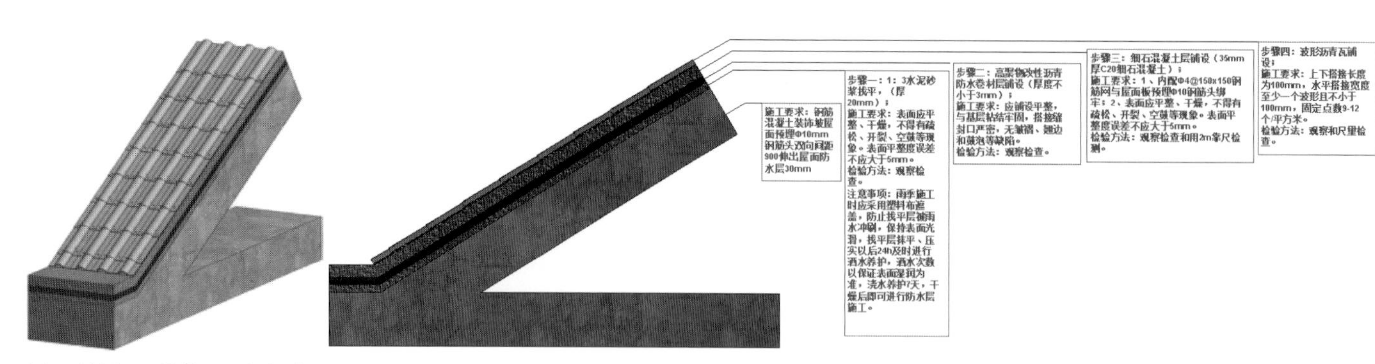

图9　坡屋面三维模型及交底说明

验证施工方案是否符合规范的要求。

在500kV构支架吊装前，管理人员召集吊装作业班组，结合模拟动画进行吊装交底。模拟动画真实、详细地展示了吊装作业步骤，对于关键点搭配文字说明，明确作业过程危害类型及管控措施，作好风险防控。从吊装前的准备，如用安全围栏和悬挂警示牌在指定工作区域设置吊装作业警戒区，到吊装过程中的细节，如使用钢丝绳绑扎时应在制丝绳与柱头接触部位加上软质垫料防止硬性接触造成钢丝绳折磨破断及构件防腐层磨损，再到吊装完成后的注意事项，如构架吊装后应及时做可靠接地，动画均有清晰、准确的模拟。

动画直观、详细地展示了500kV构支架吊装的全过程，对于关键控制点在动画中配以高亮文字显示，使方案交底更加立体、直观，让作业人员对作业过程清晰明了。

四、基于BIM技术的复杂施工工序的可视化交底

该变电站的主控通信楼，380V中央配电室等建筑屋顶采用坡屋面设计，工艺要求较高，屋面的每一层工艺都有对应的施工要求，为确保每道工序合理展开，结合《GB 50693-2011 坡屋面工程技术规范》与《09J 202-1 坡屋面建筑构造图集》，利用BIM建模软件建立坡屋面局部模型，在对应的坡屋面面层模型标注其相应的工序步骤、检验方法、注意事项等重要信息，对施工作业人员进行三维可视化交底，准确理解设计意图，直观交底验收规范的要求，确保施工工序完整、规范。

五、基于BIM技术的物资管理

在该变电站的BIM技术应用过程中，对甲供物资到货管理进行了BIM技术结合物联网应用的尝试，甲供设备材料进场时通过扫描二维码记录设备材料的到货时间，更新到货状态，自动统计已到货数量。通过与到货计划进行对比，掌握设备材料的到货情况，根据需求及时调整设备材料的到货进度，以确保工程整体进度按计划进行。

六、展望

本文是在《BIM技术在变电站施工过程中的应用》基础上的深化应用，但是从应用实践上来看，BIM离真正的项目管理完全落地还有一定的距离，这也是我们团队努力的方向。定制化开发管理平台，以适应输变电工程的工程特点，使管理平台更人性化，更切合日常管理工作的需求，是我们“BIM+PM”的应用思路；鉴于电力设备多而且复杂的特点，未来要探索基于BIM技术的物资管理，以服务于电力系统的运行维护管理。

参考文献：

[1] 中国建筑施工行业信息化发展报告（2015）BIM深度应用与发展.中国城市出版社，2015.

[2] 李永忠，高来先，余林昌，侯铁铸.BIM技术在变电站施工过程中的应用.中国建设监理与咨询，2016（08）.

[3] 罗能钧.“中国尊”项目BIM技术应用实践——技术与管理互动[J].建筑技艺，2014（02）.

论“新常态”下总监理工程师的项目管理工作

合肥工大建设监理有限责任公司 张飞

摘　要： 本文介绍了“新常态”下总监理工程师的项目管理工作内容，从十一个方面展开论述，并就总监理工程师的工作方法做出探讨，为目前建筑行业新背景下，总监理工程师的项目管理工作提供参考。

关键词： 新常态　总监　项目管理

在国家深化政府体制改革，简政放权、转变政府职能的大背景下，建设工程管理随之进入“新常态”。全国建筑行业主管部门正在加快转变监管方式，加强事中及事后的监管，加大违法处罚力度，建立行业信用系统。住建部先后出台了：住房城乡建设部关于印发《工程质量治理两年行动方案》的通知；关于治理治理两年行动方案；建筑工程五方责任主体项目负责人质量终身责任追究暂行办法；建筑工程项目总监理工程师质量安全责任六项规定；住房城乡建设部关于印发《房屋建筑和市政基础设施工程竣工验收规定》的通知；关于开展危险性较大的分部分项工程落实施工方

案专项行动的通知；住房城乡建设部办公厅关于开展工程质量治理两年行动万里行的通知；住房城乡建设部关于印发《全国建筑市场监管与诚信信息系统基础数据库数据标准（试行）》和《全国建筑市场监管与诚信信息系统基础数据库管理办法（试行）》的通知等一系列管理规定。交通部先后出台了：公路水运工程施工企业项目负责人施工现场带班生产制度（暂行）；公路水运工程生产安全重大事故隐患挂牌督办制度（暂行）；交通运输部关于加强公路水运工程质量和安全管理工作的若干意见。水利部：关于加快水利建设市场信用体系建设的实施意见；水利部关于印发《加快推进江河治理工程建设实施细则的通知》；水利部关于印发《2015年水利工程建设领域突出问题专项治理工作要点的通知》；水利部印发《水利工程建设项目代建制管理指导意见》；水利工程建设监理规定等。

国务院关于印发社会信用体系建设规划纲要（2014—2020年）的通知；国务院办公厅关于推进城市地下综合管廊建设的指导意见；国务院办公厅关于推广随机抽查规范事中事后监管的通知；国务院办公厅关于印发贯彻实施质量发展纲要2015年行动计划的通知；国务院关于印发质量发展纲要（2011-2020年）的通知。全国人民代表大会常务委员会关于修改《中华人民共和国安全生产法》的决定。

在政府及主管部门关于建设工程管理"新常态"下，作为总监理工程师的项目管理，应做好如下工作：

一、质量控制

工程项目质量要满足业主的需求，工程质量控制是国内监理工作的核心之一，目前监理工作定位主要是施工阶段。影响项目质量的因素主要有：人（Man）、机械（Machine）、材料（Material）、方法（Method）、和环境（Environment）五等大因素，即"4M1E"，因此，事前对这五方面因素进行严格的控制，是保证项目质量的关键。监理对于工程质量控制的主要方法有：施工前审核施工方案中关于工程质量控制的内容及施工工艺、施工方法，审查进场机械、设备的运行状况，审核进场单位、人员的资格情况，抽检进场材料、构配件的质量与设计文件的符合性，现场核查施工环境及施工场地周边交通运输道路是否满足施工需求，调查当地建筑用材的质量情况，审核勘察、设计文件的完整性及有无设计缺陷，现场核对工程地质情况与勘察报告的吻合程度，调查当地建筑用材的质量情况。

作为项目总监在工程开工前，应组织各专业的监理工程师，必要时也可邀请相关专业的资深专家，重点审查施工方案的可行性，勘察文件的真实性，设计文件的完整性，注重查找施工方案中理论计算的合理性、施工工艺的可行性，设计文件中是否存在与现行设计规范及国家标准条文相冲突或不满足的现象，查找设计文件中的"缺、漏、错、碰"等现象，重点审查各专业是否存在平面及空间位置布设的冲突点，审查设计方案的合理性及施工便利性。

总监应把工程质量控制作为核心工作来抓，培养自己的持续质量改进意识。对工程质量进行持续改进的最直接的动力之一是对工程质量提出的新要求。对工程质量的新要求来自于工程项目和服务的用户，也来自于社会公众、国家和自然环境，还来自于项目参与各方组织。质量管理工作持续改进的理论依据：著名质量管理专家朱兰用一条螺旋式上升的曲线表达了产品生产、形成和实现的过程或产品质量形成的规律，该曲线被称为"朱兰螺旋曲线"。在工程质量评价过程中，注意利用统计学原理，做好工程质量评价工作，做到工程质量评价合理、科学与公正。

二、进度控制

进度控制是总监理工程师的工作重点之一，目前房地产开发项目、企业厂房及办公项目，商业性项目以及政府公共建筑项目等，均要求施工进度符合合同文件约定的工期要求。这就要求总监理工程师具备相应的工程进度控制能力，一般情况下，总监理工程师可以通过审查施工组织设计中关于进度计划的安排、施工单位分阶段报审的进度计划以及工程例会中关于进度安排的内容进行进度控制。本人在实际工作中发现，在当前建筑环境下，要求施工单位上报工程进度计划网络图是控制工程进度的有效方法之一。用此方法来制定计划和控制实施情况，可以有效抓住关键路径，能使工序安排紧凑，保证合理的分配和利用人力、财力和施工机械等资源，采用网络法的一个主要原因是确定本工程关键线路。

施工过程是个动态的过程，随着时间的变化，施工环境、施工资源等要素也是变化的，因此进度控制是一个动态的控制过程。设立目标，根据施工阶段、工程项目所包含的子项、不同的施工单位、时间节点设立分目标。工程施工过程中对进度实行动态监控，派专人定期现场核查施工进度情况，建立定期收集进度情况汇总表，采用表格法、S曲线法、横道进度图对比法、“香蕉”曲线比较法、垂直图比较法、前锋线法、横道进度图与“香蕉”曲线综合比较法等方法分析实际进度情况与计划进度的偏差，必要时召开进度控制专题例会，及时调整进度计划。进度计划调整方法：改变相关工作之间的逻辑关系、改变相关工作持续时间等。借助必要的项目管理软件进行进度管理，可以提高管理效率，绘制工程进度计划网络图，优化网络计划。

三、投资控制

根据项目具体特征，设立投资控制的状态进行合理预测。对投资控制状态进行预测的目的是为了更有效地对投资进行控制，若投资将处于受控状态，不必采取措施；若投资将处于临界状态，需要警戒；若投资将处于失控状态，表明投资即将出现偏差，应立即采取相应措施加以遏制、纠正偏差。总监理工程师的投资控制主要包括：审核设计变更，会同造价工程师审核工程签证、审查工程变更单价、审核施工方案，组织造价工程师审核工程量，遇到合同外工程量时，还需要审核工程单价。在审核新增项目结算款时，所报项目的单价必须仔细查对，按照定额计算，对比当时的运输条件、材料价格、人工费用等，避免施工单位对临时增加的项目报价过高造成新增项目投资的扩大。

四、安全生产管理

建筑施工安全风险即施工安全重大危险源初步可分为：施工场所重大危险源、施工场所及周围地段重大危险源两类，其意外危害发生后，造成人员死亡或重伤以及重大物质损失。安全工作是总监理工程师项目管理工作的核心之一，安全生产是关乎参与工程建设人员的第一大事，是工程参建人员的生命保障。项目总监要想做好工程建设安全管理工作，一般应做好审查施工和管理人员执业资格，审核施工组织设计，专项施工方案中关于安全生产管理方面的内容，督促施工单位按照投标承诺、施工合同约定及国家、地方及行业现行规范、要求，建立项目安全生产管理机构及安全生产管理制度，按照标准配备具备专业上岗资格的专职安全生产管理人员，配置安全生产物资，在项目开工之际，协助施工单位项目部作好项目涉及安全生产的危险源识别，建立危险源识别目录，编制危险源处置方案，同时作为项目监理机构应于开工前编制安全监理规划及实施细则，建立安全生产监理组织，落实专人负责安全生产巡查、旁站，将安全生产监理工作作为工程例会的主题之一。

五、合同管理

由于它对项目的进度控制、质量管理、成本管理有总控制和总协调的作用，所以它是综合性的、全面的、高层次的管理工作。总监理工程师的合同管理工作包括：审核与监理项目有关的合同文件，做好工程变更及补充协议的审核工作。作为项目总监，在工程开工前熟悉合同文件，尤其是针对个体工程的专用合同条款要掌握、并能做到正确理解，为今后工程合同解释做好储备。在合同解释过程中，把握公平、公正的原则，并考虑通常做法，做到解释有理、有据，以理服人。

六、信息管理

工程信息是指在整个项目周期内产生的反映和控制工程项目管理活动的所有组织、管理、经济、技术信息，其形式为各种数字、文本、报表、图像等。项目总监应在项目监理机构成立时，对项目信息管理人员纳入项目组成人员计划之内，落实专职或兼职项目信息管理员，建立工程信息流通渠道，划定信息传递范围、层次，监理信息管理制度及信息传递流程，制定信息收集、分类、传递、查询、保管的制度和流程，实现程序化管理工程信息。在项目监理规划时，对项目信息资源进行合理规划。信息资源规划是指对整个工程周期所需要的信息，从采集、处理、输出到实用的全面规划。最终目的是在统一的信息平台上建成集成化、网络化的信息系统。

七、协调工作

协调管理是工程管理的核心职能，是联结、联合、调和所有的活动及力量，力求得到各方面协助，促使各方协同一致、齐心协力，以实现预定目标的一种管理方法，贯穿于整个项目管理过程中。只有做好协调管理工作，才能发挥系统整体功能，顺利实现工程建设的预定目标。协调业主与勘察设计单位，施工总、分包单位，材料供应单位，设备租赁单位的关系。要想做好协调工作，首先要理顺各参加单位之间的合同关系，以合同定各单位之间的关系主线，以项目为中心，以业主为关系枢纽，协调各方关系。比如遇到工程地质与勘察结果不符时，总监首先应报告业主将这一信息传递给勘察单位，同时通知设计负责人，会同施工单位项目负责人共同到现场核查工程地质情况，协商是否需要采取进一步技术处理措施，采取符合工程情况的合理方案，保证工程质量、投资和进度在控制目标范围之内。遇到需要政府主管部门支持的情况时，及时向主管部门相关人员汇报，积极争取他们的支持，与政府主管部门之间进行有效的工作互动。

八、施工过程中的环境保护管理

近年来环境保护工作逐步纳入到工程施工管理的主要工作范围之内，工程建设中产生的建筑垃圾综合处理，因工程施工需要裸露土壤表面，运输车辆运行中产生的扬尘治理，施工范围内水土保持及生态保护等涉及环境保护的，如水土流失、施工中产生的废水等，作为项目总监都需要关注，并在项目管理中安排人员进行专题管理，并定期汇报管理结果。在环保管理工作中引进“绿色管理”理念，传统管理是在污染之后采用治理性技术除去污染，是“先污染后治理”模式，而绿色管理则是在污染之前采用预防性技术进行防止，是一种“源头治理 + 污染与治理并举”的新模式。

九、专业知识储备

种种迹象表明，国内建设领域的主流发展方向是强化个人能力、突出个体角色，这就要求总监理工程师应当是一专多能型复合人才，因此，总监不可避免地要涉及经营管理工作，作为监理企业的项目全权负责人，应努力建立个人影响力，积极寻求项目源，从一定程度上说总监理工程师就是项目监理机构这个团体的总负责人，应为这一团体的发展谋出路，努力承接适合项目团体特色的项目，作好项目成本控制，采取各种激励措施，提升团体凝聚力，利用机会扩大团体影响力，树立正面的品牌效应，为长期的经营工作夯实基础。

作为总监应了解专业技术发展动态，如目前的桥梁工程发展现状是大跨度、高强度、造型新颖，能够与周边环境协调，低变形，高稳定性；隧道工程是结构的稳定性，建筑垃圾的可利用性，施工对生态环境的低污染；道路工程的发展现状是安全通过性，高舒适性，较好的耐久性，能够融入周边环境，较低的环境干扰，建筑材料的可重复利用。房屋建筑工程是使用的舒适、美观，结构的安全性，建筑外形的美观性，建筑的绿色化、标注化，注重建筑的生态性；水利工程的水资源节约性，结构的安全性，生态环境的美化性。绿色生态建筑必须是一种节约型建筑，它必将成为 21 世纪建筑业的主旋律，具体应体现在健康、节水、节地、节能、制污、循环利用上。

十、工程管理中的新兴信息技术应用

处在信息化的当代，各种新兴信息技术蓬勃发展，信息技术冲击到社会各个阶层，作为项目总监利用好新兴信息技术，不仅能提升项目管理效果，同时可以加快信息处理速度。比如采用建立项目管理人员微信或 QQ 群的方式，将与项目相关的各参建单位负责人员组织一个工作交流平台，将项目推进过程中发现的各种问题和工作指令，通过这一交流平台及时传递给问题解决者或指令执行者，并告知其他相关人员，避免出现多头指挥和指令不明确，以及由于信息不畅导致的处置延误及管理混乱现象，有助于项目推进。

利用互联网及计算机技术，做好项目进度、投资控制的管理工作，如利用计算机技术做好项目进度网络计划、资源投入计划的优化及跟踪管理工作；建立投资支付管理台账及资金曲线图，做好项目投资控制工作。利用项目管理软件系统，监理项目管理处置中心，将项目参建各方联系起来，共同为项目实施贡献各自的力量。通过互联网交互平台，各阶段、各关键指标、各组织、各专业、各项目当前的供应信息共享不再局限于相邻成员之间，任何成员在共享信息范围内都可以和其他节点进行信息访问与共享需求。

十一、信用管理

在全社会讲诚信的大背景下，作为项目总监、仅要注重个人执业信用，同时要加强引导和管理项目监理机构组成人员注重个人信用，更要通过项目向业主等参建单位负责人，向社会传递企业信用信息，为将来项目的承接作好储备，在项目开工前做好信用风险管理组织机构。科学的信用风险管理组织结构是企业的风险管理目标得以实现，业务流程和方法得以顺利运行的基本保证。信用管理应该是全过程管理，包括事前管理、事中管理和时后管理，其中事前管理尤其重要。企业对诚信的追求和对诚信原则的把握与执行可分为三种基本形式（层次）：①以法律为准绳的诚信，即企业在经营活动中应严格遵守法律规定要求，信守合同，按照自己的承诺办事。②以道德为准绳的诚信，即从企业伦理道德角度对企业自身行为提出规范要求。③完全考虑当事者利益的诚信，即企业事事以对方利益最大化为准则。诚信的三个层次相互交织、层层递进。工程交工验收通过后，派专人负责及时办理信用评价登记工作。

十二、结束语

作为项目的总监应掌握当前社会及建筑行业管理大环境的“新常态”，为适应当前形势，就要不断加深自己的专业技术知识背景，开阔的专业知识视野，尽力通晓不同专业知识，并将之融会贯通，同时具备一定的工程管理知识及出色的项目管理能力，掌握现行专业技术规范、标准、法规、条例及地方主管部门的管理要求，了解行业的现状、动态，准确把握行业发展趋势，只有这样，才能更好地为业主做好咨询服务工作，让监理工作溯本归源。

参考文献：

[1] 苟伯让．建设工程项目管理［M］．北京：机械工业出版社，2005．

[2] 王祖和．工程质量持续改进系统研究[M]．同济大学，2003．

[3] Juran．Juran on Quality by Design The New Steps for Planning Quality into Goods and Servicel．Juran Institute，Inc，1992．

[4] 李渊．浅谈住宅工程项目施工进度管理．中国高新技术企业[J]．2010年第6期，P127–127．

[5] 段晓晨，张晋武，李利军等．政府投资项目全面投资控制理论和方法研究[M]．北京：科学出版社，2007，P106．

[6] 秦何聪，王诗瑶．岳城水库除险加固工程投资控制．海河水利[J]．2011年第5期，P56–57．

[7] 袁俊利．建筑工程安全的风险识别与控制．平顶山工学院学报[J]．2009年第1期，P77–79．

[8] 王军，马静．浅谈施工阶段工程承包合同管理．科技信息[J]．2010年第17期，P851–852．

[9] 陆群浩．浅谈信息技术环境下的工程项目信息化管理[J]．2010年第10期，P148–149．

[10] 刘晓峰．浅谈工程建设中的协调管理．城市建设[J]．2009年总第32期，P211–212．

[11] 王若尧，张飞．浅议监理企业项目团队负责人的工作．工程与建设[J]．2015年第2期，P285–286．

[12] 吴艳艳，陈运，赵柏波．绿色管理——企业管理发展新取向．现代商业[J]．2010年第9期，P104–105．

[13] 连娜，试论生态建筑住宅设要求与方法．建筑知识[J]．2012年第4期，P69–70．

[14] 李勇，管昌生．基于BIM技术的工程项目信息管理模式与策略．工程管理学报[J]．2012年第4期，P17–21．

[15] 何丽鹏．高新技术企业信用风险管理研究[M]．石家庄经济学院，2010年P29．

[16] 武庆弟．公路施工企业信用体系建设与管理研究[M]．长安大学，2013年．

[17] 文亚青．三位一体的企业全面信用管理实证分析．求索[J]．2008年第4期，P39–41．

工程监理标准化建设的战略思考

刘伊生
中国建设监理协会常务理事、专家委员会常务副主任；北京交通大学教授、博士生导师

摘　要： 工程监理标准化建设是进一步发挥工程监理作用的重要途径，对于明确监理职责和内容、规范工程监理行为等意义重大。本文首先总结了工程监理标准发展概况，在阐述工程监理标准化作用的基础上，着重从人员配置标准化、检验审查标准化、目标管控标准化、文档资料标准化、考核评价标准化五个方面提出工程监理标准体系框架，并从做好顶层设计、发挥团体标准作用和尽快编制监理文件资料管理标准等三个方面提出了工程监理标准化实施路径。

关键词： 工程监理　工程监理标准体系　工程监理标准化

一、工程监理标准发展概况

自1988年开始试行，1996年开始全面推行工程监理制度以来，工程监理标准在不断建立和完善。在工程监理制度实施初期，只有少数行业和地方制定和发布标准，用以指导和规范工程监理实践，如交通部制定和发布行业标准了《公路工程施工监理规范》JTJ 077-95，北京市制定和发布了地方标准《工程建设监理规程》DBJ 01-41-98。

我国工程监理第一部国家标准——《建设工程监理规范》GB 50319-2000发布于2000年，自2001年5月1日开始实施。之后，又经过实践检验和总结提炼，修订为目前的《建设工程监理规范》GB/T 50319-2013。该《规范》从2014年3月1日起开始实施后，对于明确工程监理职责和定位、指导工程监理工作意义重大，行业及社会反响良好。在国家标准基础上，多数地方、行业结合当地或行业实际情况制定和发布了地方标准、行业标准，许多企业也制定和实施了企业标准，从而初步形成了工程监理标准体系。国家及部分地区、行业发布和实施的工程监理标准见表1。

尽管在上述工程监理标准中有些提法和内容值得商榷，但这些标准的发布和实施，对于规范工程监理行为、提高工程监理水平、促进工程监理行业健康发展发挥了重要作用。

二、工程监理标准化及其重要作用

针对工程监理职责边界不够清晰、市场竞争不够规范、服务水平参差不齐等现状，迫切需要强化工程监理标准化建设。所谓工程监理标准化，是指为在工程监理活动中获得最佳秩序，针对实际或

国家及部分地区、行业发布和实施的工程监理标准　表1

标准层级		现行标准名称及编号	原标准名称及编号
国家标准		建设工程监理规范 GB/T 50319-2013	建设工程监理规范 GB 50319-2000
地方标准	北京市	北京市建设工程监理规程 DBJ 01-41-2002 北京市建设工程安全监理规程 DB 11/382-2006	工程建设监理规程 DBJ 01-41-98
	天津市	天津市建设工程监理规程 DB/T 29-131-2013	天津市建设工程监理规程 DB29-131-2005
	上海市	建设工程监理施工安全监督规程 DG/T J08-2035-2014	建设工程施工安全监理规程 DG/TJ 08-2035-2008
	深圳市	深圳市建设工程施工监理规范 SJG 17-2009	深圳市施工监理规程 SJG 17-2001
	江苏省	江苏省项目监理机构工作评价标准 （苏建函建管[2011]757号） 江苏省建设工程监理现场用表 （目前已是第五版）	
	浙江省	浙江省建设工程监理工作标准 DB33/T 1104-2014	
	山东省	山东省建设工程监理文件资料管理规程（DB37/T 5009-2014） 建设工程监理工作规程 DB37/T 5028-2015	
行业标准	原铁道部	铁路建设工程监理规范 TB 10402-2007	铁路建设工程监理规范 TB 10402-2003
	水利部	水利工程施工监理规范 SL 288-2014	水利工程建设项目施工监理规范 SL 288-2003
	交通运输部	公路工程施工监理规范 JTG G10-2006（修订版在征求意见中）	公路工程施工监理规范 JTJ 077-95

潜在的问题制定共同和重复使用的规则的活动。工程监理标准化的实质是制定、发布和实施工程监理标准（包括标准、规范、规程、导则、指南等），使工程监理各项活动达到规范化、科学化、程序化。工程监理标准化的目的是获得工程监理“最佳秩序”和综合效益（经济效益、社会效益和环境效益），促进工程监理制度不断完善和工程监理行业持续健康发展。

强化工程监理标准化建设，进一步建立和完善工程监理标准体系，不仅是工程监理行业规范自身行为、提高服务品质、追求科学发展的迫切需求，而且是建设单位选择监理企业、评价监理质量、支付监理酬金的重要依据，还是政府主管部门实施动态监管、规范市场行为、强化监理作用的主要抓手。具体而言，工程监理标准化建设在现阶段的主要作用体现在以下几个方面。

（1）工程监理标准化有利于明确监理工作职责、内容和深度。尽管《建设工程监理合同（示范文本）》GF-2012-0202和《建设工程监理规范》GB/T 50319-2013分别规定了监理义务和人员职责，但监理工作职责、内容有待通过工程监理标准进一步细化，解决工程监理“做什么”、“做到什么程度”、甚至“如何做”等问题，指导和规范工程监理人员从事工程监理活动。

（2）工程监理标准化有利于抑制监理任务委托与承揽中的不合理压价。长期以来，工程监理任务委托与承揽中一直存在不合理压价现象，特别是全面放开工程监理服务费政府指导价、实行市场调节价以后，有的地区甚至出现“跳崖式”降价。实施工程监理标准化，一方面可为工程监理企业、建设单位测算监理酬金提供依据，另一方面也可为政府主管部门监管工程监理企业间恶性压价竞争、建设单位不合理压价提供依据。

（3）工程监理标准化有利于考核评价监理工作质量。无论是政府部门，还是工程监理企业，考核评价项目监理工作质量，需要有客观、科学的评价标准。实施工程监理标准化，制定和实施监理工作考核评价标准，有利于评价监理工作质量，也有利于政府部门监督考核监理工作。

（4）工程监理标准化有利于判别监理人员责任。一直以来，由于缺乏系统完整的工程监理标准，发生工程事故（特别是生产安全事故）后，工程监理人员是否作为主要责任者承担监理责任，没有可操作性强的具体判别依据。实施工程监理标准化，有利于判别工程监理人员是否尽职履责。

三、工程监理标准体系框架

强化工程监理标准化建设，首先需要统一思想认识，明确工程监理标准化内容，构建工程监理标准体系。工程监理标准化主要体现在以下“五化”：人员配置标准化、检验审查标准化、目标管控标准化、文档资料标准化、考核评价标准化。

为实现工程监理标准化，仅靠一部国家标准——《建设工程监理规范》难以满足工程监理要求。各地、各行业发布和实施的工程监理标准也不能形成完整的工程监理标准体系。为此，需要进行系统深入研究，对工程监理标准体系进行顶层设计，尽快构建工程监理标准体系框架，为不断完善工程监理标准体系提供指导。

构建工程监理标准体系，可从以下几个维度考虑：

（1）针对不同专业工程研究制定监理标准。如房屋建筑工程监理规程、城市轨道交通工程监理规程、市政道路工程监理规程等。

（2）针对不同管控目标研究制定监理标准。如项目监理机构合同管理规程、项目监理机构控制工程质量规程、项目监理机构控制工程进度规程、项目监理机构控制工程造价规程、项目监理机构安全生产管理规程、监理文件资料管理规程等。

（3）针对不同检验或审查工作研究制定监理标准。如施工组织设计审查指南、（专项）施工方

案审查指南、隐蔽工程验收指南、分部分项工程验收指南等。

（4）针对不同层次监理人员职责研究制定监理标准。如总监理工程师职业标准、专业监理工程师职业标准、监理员职业标准等。

（5）针对工程监理企业对项目监理机构的监督管理研究制定项目监理机构考核评价标准。当然，此类标准可通过制定企业标准实现。

基于上述维度进行工程监理标准体系顶层设计，可采用模块化思想，做好接口设计，做到各项标准内容既不重复又不留死角。

四、工程监理标准化实施路径

工程监理标准化建设是一项系统工程，不是在国家标准《建设工程监理规范》和各地、各行业监理标准的基础上，再制定和发布一项或几项标准就万事大吉。国务院关于印发《深化标准化工作改革方案的通知》（国发[2015]13号）明确指出，要整合精简强制性标准，逐步将现有强制性国家标准、行业标准、地方标准整合为强制性国家标准；要进一步优化推荐性国家标准、行业标准和地方标准；要培育发展团体标准，鼓励具有相应能力的学会、协会、商会、联合会等社会组织和产业技术联盟协调相关市场主体共同制定满足市场和创新需要的标准，供市场自愿选用，增加标准的有效供给；要放开搞活企业标准。

由此可见，工程监理标准化建设可通过上述4类政府主导制定的标准（强制性国家标准、推荐性国家标准、推荐性行业标准、推荐性地方标准）和两类市场自主制定的标准（团体标准和企业标准）来实现。为了加强工程监理标准化建设，需要尽快做好以下工作。

（1）统一思想认识，做好顶层设计

充分认识工程监理标准化的重要作用，做好工程监理标准化体系顶层设计，是工程监理标准化的重要前提和基础。为此，要尽快构建工程监理标准体系框架，包括标准名称、核心内容、编制层次甚至标准编码等，引导政府部门、行业协会、企业不断制定和持续改进工程监理标准体系。

（2）结合标准化体制改革，发挥行业协会作用

国家标准《建设工程监理规范》对于落实工程监理的法定义务、提高工程质量和安全生产管理水平的意义重大。随着标准化体制改革的不断深化，在继续保持《建设工程监理规范》国家标准地位的基础上，应充分发挥行业协会在工程监理标准化方面的引领和促进作用，尽快制定团体标准，进一步推动工程监理作用的发挥。

（3）尽快编制监理文件资料管理标准，促进监理工作规范化

监理文件资料是项目监理机构在实施监理过程中形成的主要工作成果，覆盖面广，有的保存时间长，不仅对于工程质量、造价、进度控制及安全生产管理意义重大，而且也是考核评价工程监理绩效的重要依据。在工程监理标准体系中率先将《建设工程监理文件资料管理规程》作为行业标准或团体标准进行研究和编制，将有利于规范工程监理行为，促进工程监理行业科学发展。

五、结束语

工程监理标准化建设意义重大。从整个行业角度而言，是进一步发挥工程监理作用的重要途径，有利于工程监理企业持续健康发展。对工程监理企业而言，是一把双刃剑。实施工程监理标准化，一方面有利于工程监理企业提升服务水平，另一方面会对工程监理企业的不规范行为产生约束。此外，值得指出的是，工程监理标准化建设固然重要，但也不能指望其包治百病，来解决工程监理制度实施中存在的所有问题。工程监理标准化建设需要与市场动态监管、信用行为评价等措施一起综合发挥作用。

建设监理行业数码互联时代的科技创新

上海现代建筑设计集团工程建设咨询有限公司　梁士毅

一、前言

建设工程监理制自 1988 年至今已发展了近 30 年，目前碰到很多困难，但监理企业要继续发展，关键要抓住两件事情——转型和升级：

1. 建立符合客户需求的可持续发展的业务，特别是新常态下的转型。

2. 响应时代的科技变革，尤其是基本 BIM 基础上的数码互联化的升级。

所谓供应侧改革，就是监理企业要探索、适应客户的新需求，转型服务模式，升级自己的能力。十三五计划的核心思想之一是“把创新放在更加重要突出的位置”。建设监理的技术发展也必须紧跟当今世界的科技发展，运用最新的科学技术提升行业技能。只有如此，建设监理行业才能跟上时代变革的步伐。否则，一定会被设计施工行业边缘化。

二、基本 BIM 阶段后的数码互联时代

这几年我国监理行业 BIM 的发展速度很快，可视化、碰撞检查、施工模拟等基本 BIM 的技术在一些先进的监理企业已得到运用。但 McGraw Hill Construction 公司对于国际先进国家最新调查的经验是：基本 BIM 的运用将逐渐变为常规，要增强企业的竞争力，必须掌握善用模型数据的最新科技（国外简称 BIM+）。

当前的数码技术呈爆发式发展，数码产品更是日新月异，从近十几年的电脑、手机等最基本的数码产品和数码技术发展就可以看到，在数码技术的时代没有什么是不可能的，同时互联网给数码技术提供了飞翔的平台。

无人飞机、三维扫描数码技术、虚拟现实数码技术、增强型现实数码技术、便携式数码技术、智能数码技术、4G+ 乃至 5G 的互联网、大数据处理、云计算等都不再是什么稀奇的黑科技。数码互联技术的创新应用如人工智能、机器人、全息眼镜 HoloLens、Magic Leap、Project Tango 等才是真正的黑科技。建设监理行业的科技创新，需要有一批先行者赶上这些数码互联技术的步伐。

上海现代建筑设计集团工程建设咨询有限公司的业务从 1992 年的纯施工监理，转向多元化咨询、项目管理，直至 EPC，转型从未止步，相伴的技术升级也从没停滞：2007 年在世博会的德国馆已开始使用设计 BIM 加项目管理，2008 年奥地利馆已开始使用设计 BIM 加施工监理了，此后又在十几个项目中除了设计 BIM/ 施工 BIM 外，还做了优任项目的 EPC 的 BIM、保利大厦的建设监理 BIM，现代大厦的物业管理 BIM 和泰康人寿大厦的建筑师负责制的项目管理 BIM。

当前，中国经济进入了中低速发展的新常态阶段，国内市场大规模新建房建项目大量减少，出现了既有建筑改造、市政建设、轨道交通智能化等项目建设监理的新需求；国际市场“一带一路”又要求我们迎接与国外先进国家竞争的新挑战。因此，公司积极在基本 BIM 的基础上对接最新的数码互联科技创新技术，为建设监理行业的振兴作出贡献。

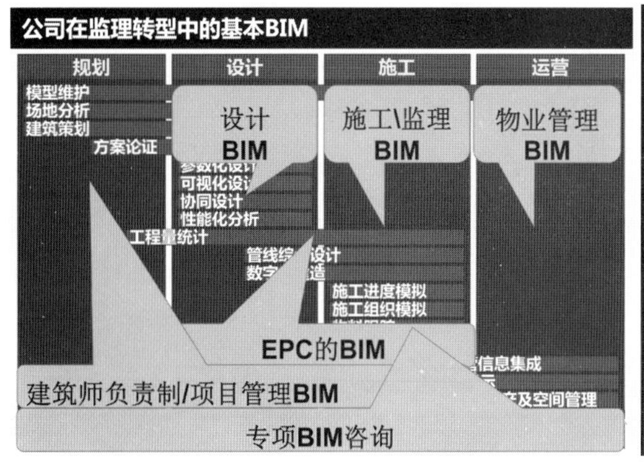

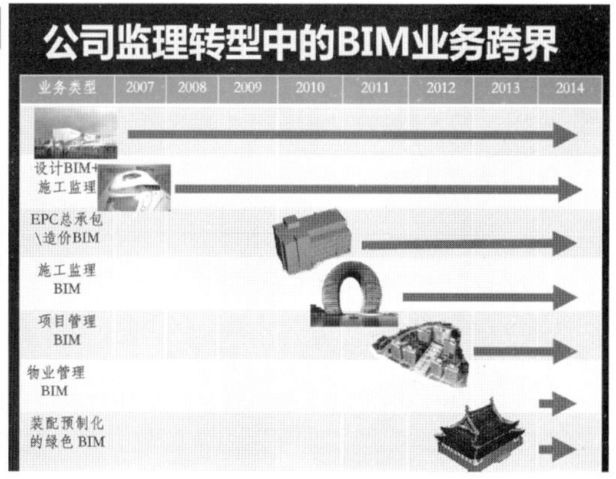

为此，公司在前几年已经开发的 3D 打印、激光扫描、三维地理信息系统 GIS、射频识别 RFID、BIM 的 5D 展示、无人机航摄的基础上，这两年在数码互联时代的 BIM+ 方面作了如下的探索，又开发使用了如下技术，如图：

其中，与 BIM 对接的如下数码互联亮点为目前国内科技创新：

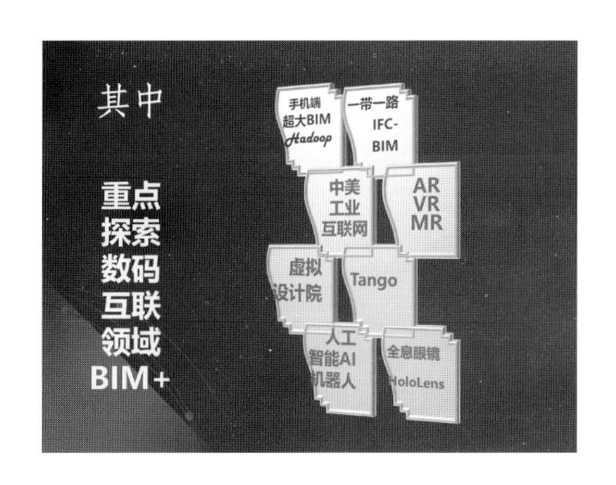

1. 随着监理企业 BIM 项目的增多，信息的储存、管理、处理遇到很大瓶颈。公司多年不断自行购买电脑、服务器，仍不敷使用，还卡机、死机，且更新换代昂贵。从 2016 年起，我们对于超大超多 BIM 项目先请复旦大学计算机研究中心整理数据，然后放入斐讯公司的大数据中心。该中心使用 Google 公司的 Hadoop 大规模平行分布式集群网络服务器大数据中心（即与韩国围棋手李世石大战的技术），把数据的储存管理与云计算的数据处理分开，解决了监理工作中 BIM 模型中数据检索的速度问题，同时该设备属于我国，信息安全没有问题。

2. 在公司的 BIM 项目中既使用了我国 P-BIM 标准，又参加编制和使用了上海 IFC-BIM 标准，这样在实现“一带一路”的走出去战略时，可与国外的 BIM 数据双向自由交换。

3. 参加了筹建国际工业互联网联盟上海试验床。上海将成为工业互联网全球最大的一个多维度试验床。我们是这个中美大型综合性技术合作项目 15 家筹建的单位之一。现在的互联网连接的是人与人，而工业互联网则将机器和人连接起来。产生的知识与信息量，将成百万倍增长。在未来 10~20 年，它可能为人类社会带来百万亿美元的经济增量。公司将结合建筑行业设计施工一体化的特点，探索自己独特的使用方式。

4. 进一步在项目中探索增强现实 AR、虚拟现实 VR 以及最新才出现的混合现实 MR 的实用价值。在现有的项目中分别用 VR 眼镜或 VR 剧场观测监理项目监测的危险源分布环境。

5. 为迎接新常态下的“一带一路”的挑战，学习美国通用模式（俗称京东模式），建立基于大数据云计算的虚拟设计院（包括 EPC 和监理项目需求）；

6. 探索人工智能 AI 及机器人在建设监理领域的试用。

7. 针对新常态下大型新建项目减少，既有建筑小区改造项目激增的特点，抓紧开发公司已有的最新版的智能便携设备 Project Tango。用于快速扫描旧楼自动建模，再叠加虚拟的 BIM 改造模型进行建筑改造设计策划及施工可行性分析。其中危险区可结合使用机器人进入扫描，再叠加抢险的增强现实 AR 实现高清视频回传。

8. 微软公司的全息眼镜 HoloLens 是设计施工一体化利器，IOT 物联网技术的业务突破。公司去年即去美国与微软接洽，探索建筑行业使用前景，并请他们来沪指导。今年三月份该产品上市，五月份 AECOM 公司已经率先用于伦敦的 Serpentine Pavillion 项目的设计施工。微软总部已邀请我们公司前往考察，并派两人去西雅图培训两个月，探索用于中国建筑行业的一体化业务。

三、淮海中路某基坑监测科技创新

淮海中路某基坑深约 33m，地墙最深处达到了史无前例的 71m，创下施工深度之最。基坑西侧，建于 20 世纪 30 年代的卜令公寓，离地墙最近仅 4m；东侧，比卜令公寓还“老十来岁”的淮海路 670 弄居民楼，离基坑也非常近。万一在开挖的过程中，居民楼出现开裂、沉降，后果不堪设想。

基坑开挖过程中地下连续墙的变形监测成为施工安全的第一道防线，国家标准颁布之前，住建部公布的历年建设工程重大安全事故中基坑工程事故约占事故总数的三分之一，统计分析发现，基坑事故无一例外地与监测不力或险情预报不准确、不及时有关。

目前虽然对软土深基坑的研究有了一定的进展，但对其变形及力学性质的研究还不够完善，使计算模型及假定与工程实际情况存在较大偏差，导致基坑支护工程的变形估算不太准确，从而影响了工程的安全和成本。因此，在施工工程中对基坑围护结构和周边环境的监测就显得十分重要。

然而，目前基坑安全监测数据文件均以报表配合二维曲线、图形的方式表达变形趋势，当工程师查看变形情况时整体查阅变形情况不便，对基坑支护结构的变形趋势难以准确判断。当不能正确判断时对基坑下一步的施工决策将产生影响，严重情况下可能产生安全隐患。

随着科学技术的发展，互联网、大数据、AR（增强型现实）、VR（虚拟现实）技术以及 Project Tango 智能便携设备的出现，基坑施工已经进入信息化监测的时代。基坑监测在新技术的支持下必须进行创新，以改变传统监测技术的弊端，提升基坑监测的及时性、准确性和工作效率。

在该项目中公司与上海顺凯信息技术有限公司合作，应用“BIM+”技术将变形监测数据与互联网、云技术、大数据处理技术、多种数码技术、灾害预测技术等结合应用。这种可视化、虚拟化基坑变形监测方法，简单、准确、快速，为监理、监测人员提供了崭新的基坑监测管理方法。下图是基坑信息化监测的工作流程示意。

1. BIM+ 大数据云技术

在基坑的监测过程中产生大量数据，BIM 数据的传递与监测数据的处理是整个信息化监测的关键。

该项目将 BIM 模型和 BIM 的数据在复旦大学的大数据云服务器上整理，进行云端应用。该服务器是我国自主所有，不必将模型放在美国的云服务器上。针对 BIM 超大及超多模型，依据云架构的计算机集群模型处理、计算机集群海量数据处理是复旦大学的创新研究，国内领先，是目前建筑行业内无法做到的。Hadoop 技术可以让企业以节省成本并高效的方式处理和分析大量的非结构化和半结构化数据，而这类数据迄今还没有其他处理方式。为适应下一步超大数据的特点，我们再租用斐讯大数据中心，以便储存和管理在一个海量池中，数据处理在另一池中高速进行。用这个办法达到了移动

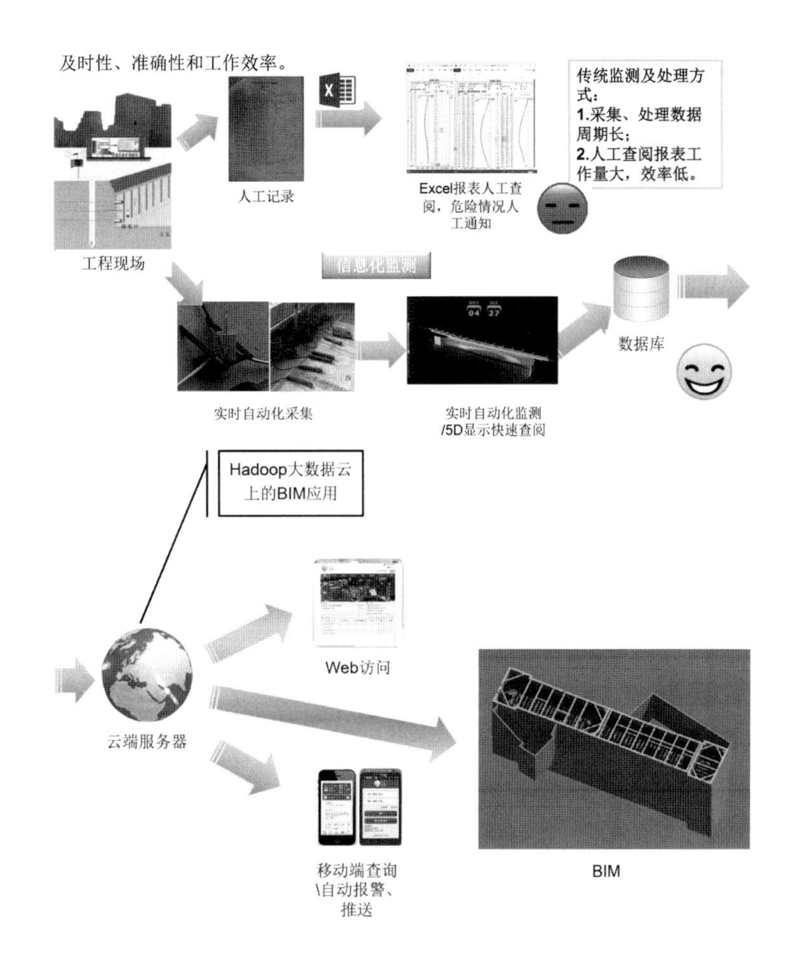

端高速检索模型的效果。

基于 IFC 的 BIM

由于建筑物的生命周期长，涉及的专业众多，使得与建筑物相关的数据非常复杂，并且各个专业之间的交换数据中可能会由于没有及时更新而造成施工中的错误。这些数据完整性以及数据交换性的问题一直困扰着建筑产业，并且给建筑业造成了巨额的浪费。而 IFC 目前是唯一支持这种交互性的国际公共标准。国家在 2010 年 12 月 01 日发布了《工业基础类平台规范》GB/T 25507-2010，由公司所属集团和上海市建科院为主编制，即将发布的上海市 BIM 标准中，“BIM 模型数据交互应采用 IFC 标准”。这对于建设监理单位，在“一带一路”战略中走出去与国际标准对接，提供了实用方法。从实践过程来看，主流 BIM 软件和大多数行业软件均支持 IFC 标准格式，所以 IFC 标准在实际项目上有比较好的可实施性。BIM 基本模型“.rvt”文件导出为 IFC 格式的中间交换文件，BIM 拓展应用软件读取 IFC 文件进行 BIM 高级应用。下图是本项目基于 IFC 标准的模型数据交换实例。

2.BIM+ 互联网技术

基坑变形的实时监测仅是基坑监测工作的一部分工作，监测数据的分析、判断和发布水平的高低是监测技术能否达到应用效果的关键。互联网技术使数据处理、分析、判断以及发布实现了无缝自动处理。这样基坑变形的监理监测数据可自动发射地、整体地、及时同步地、可回溯地、安全可视化地、可报警地在手机移动端展示，初步实现了基坑监测的无人化。

该项目基坑变形超过预警值后自动报警，报警信息除发送至值班三人外，另发送到 9 名管理人员手机移动端，相关人员可以在移动端查看基坑变形情况。

3. 基于 BIM 技术的基坑灾害预测

在基坑施工的过程中监测只能对现有状态进行评估，而基坑灾害的预测则使基坑变形的发展有

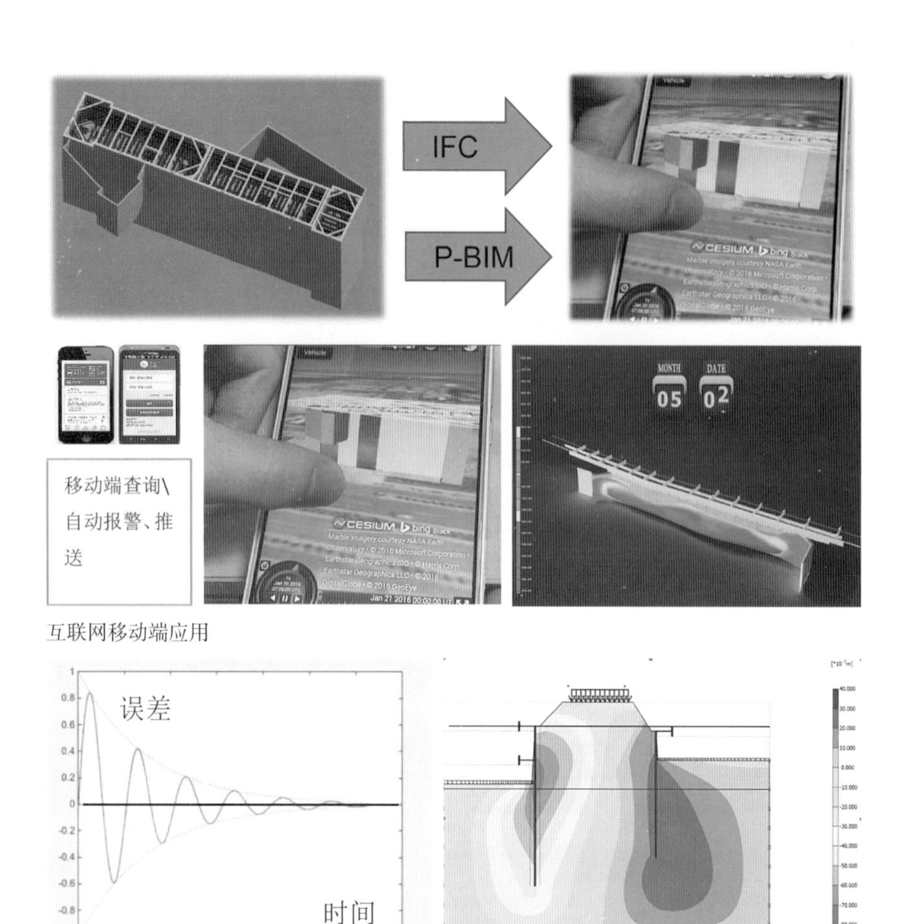

互联网移动端应用

预测误差修正过程概念图

一个预期评估，使基坑的安全加上了保险。安世亚太依据地勘数据用 ANSYS 模拟基坑在开挖过程中的变形情况，并根据历史变形情况预测基坑将来可能发生危险的位置和危险时间。基本过程是：三维基坑监测产品读取 ANSYS 的模拟结果并与实施监测的结果进行对比，将预测误差反馈给 ANSYS，修正预测值及输入参数，实时对基坑有一个合理的预测结果。下图是预测误差迭代示意图。

4. BIM+ 多种数码技术

随着科学技术的发展，互联网、大数据、AR（增强型现实）、VR（虚拟现实）技术以及 Project Tango 智能便携设备的出现，基坑施工已经进入信息化监测的时代。基坑监测在数码新技术的支持下，将 BIM 技术与多种数码技术相结合，以改变传统监测技术的弊端，提升基坑监测的及时性、准确性和工作效率。

1）BIM+ Project Tango（现 Google 已正式更名为 Tango）

Tango 是谷歌公司的一项研究项目，能实时为用户周围的环境进行 3D 扫描建模、定位、测量等工程应用类功能，支持 AR、VR 技术。第二代 4 月份上市，五月份美国国家航空航天局 (NASA) 已经开始在 SPHERES 卫星的国际空间站试用。

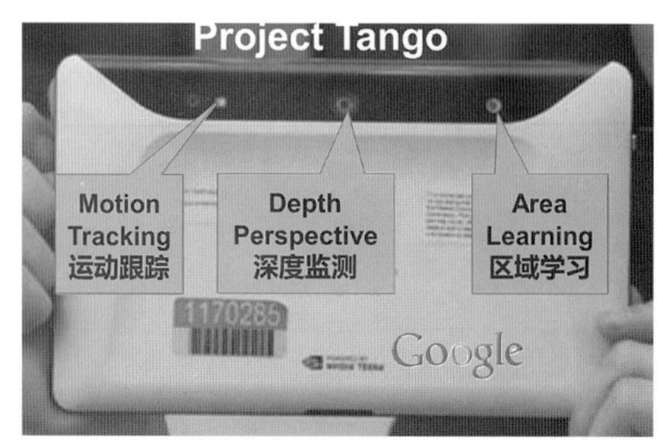

Tango设备

机器人扫描

Tango上的AR现场高清无线视频回传

Tango 的 3D 扫描建模与激光扫描建模不同，它采用红外线传感器进行扫描建模，该方法建模精度远低于激光扫描模型，但其成模速度是激光扫描的十几倍，甚至是实时成模。PT 3D 扫描建模的特点非常适合施工现场的使用，并不需要多高的精度，该模型可以用于基坑抢险指挥、基坑现状反映和基本尺寸测量等工作。

Tango 本身也是一个便携式多媒体平板电脑，经过对 Tango 进行开发，AR、VR 等虚拟现实技术都可以集成在 Tango 中，本项目由上海宇溪文化传媒有限公司对 Tango 进行深度开发，在项目中实现了现场实时扫描成模，免去了激光扫描的麻烦，避免技术过度应用。Tango 扫描模型可输出 .obj 文件，该文件格式主流图形软件都可以打开，为进一步对扫描模型的使用提供了条件，比如可以将 Tango 的扫描模型与 Revit 模型在 Navisworks 中进行整合和下一步应用。

2）BIM+AR、VR+ 机器人技术

当基坑进入危险状态时，进坑内部已不在适合人员进出，但是清楚地了解基坑内部的现状是基坑抢险的前提条件。机器人技术解决了上述问题，该项目实践时将 Tango 设备安装在滚动式或爬行式机器人上，在基坑内部完成视频回传，3D 扫描等工作。

Tango 支持 AR、VR 功能，本项目将基坑、管线变形值色彩投射到现场场景，通过 GPS 定位，和 Tango 内置陀螺仪实现实时定位和投射，也就是机器人的视角和位置发生变化，投射的变形色彩始终附着在真实的基坑围护上面，同时可以查看历史变形、某一时间点变形和预测的变形。在必要时由 AR 切换至 VR 进入到基坑外侧的土里面，观察管线变形情况、管线与基坑位置关系，机器人上的 Tango 还可以调出抢险方案，把含有虚拟抢险方案的模型叠合到现实基坑环境中深入危险区域，进行 AR 的高清视频回传。

另外，我们还使用了虚拟现实眼镜 VR 和虚拟 VR 剧场，观察危险源分布区域。

用虚拟现实VR眼镜或VR剧场观测土体内管道变形的安全可视化效果

单人虚拟现实 VR 眼镜观测效果可在会议室内同步投射供众人观看会商。

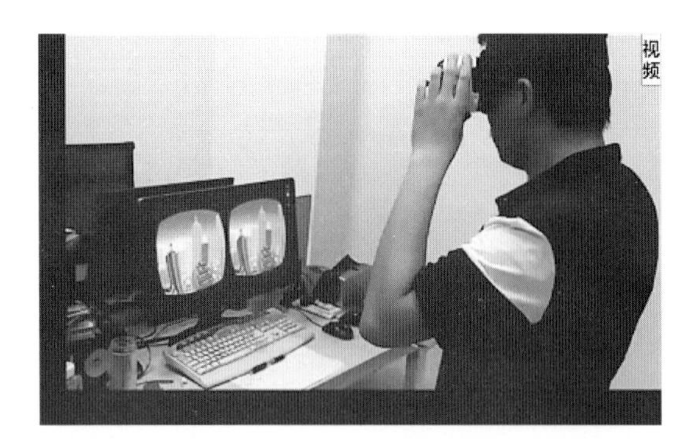

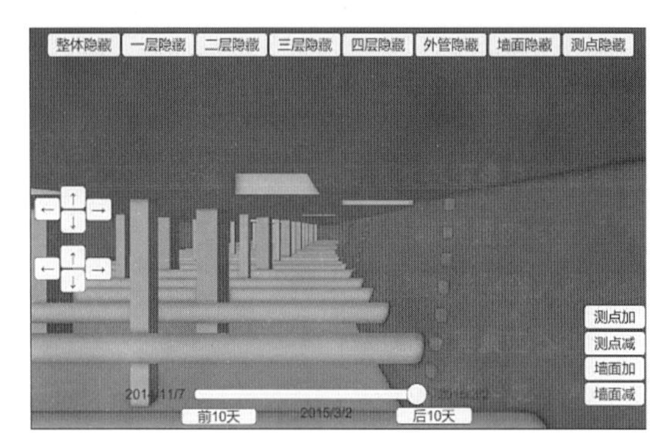

四、上海建业里优秀历史保护建筑改造项目中的科技创新

在所有类型的建筑改造中，一般性历史性建筑的改造由于和历史建筑保护与城市的建设都有着密切的联系而显得尤为复杂。这类建筑不像古建筑那样已经受到普遍的重视和保护，对这类建筑的改造往往是在实用功能的层面。通过对历史建筑的考察分析，对其进行修缮或改造，在保留其重要历史、建筑和文化价值特征的同时实现有效的、现今的功能价值，这种改造的行为或思路称为改造模式。改造的目的不仅在于实现对历史建筑的有效性利用，还在于追求与时代需求相适应的历史建筑功能和面貌的合理性。

建业里项目是一个典型的既有建筑改造项目。建业里位于建国西路和岳阳路交界处，是上海目前最大的一片可改造的石库门建筑。建于 1930 年，分为东弄、中弄和西弄三部分，有近 200 幢石库门房子，属于历史保护建筑。建业里曾在 2012 年前后装修完毕，但是由于商业模式不清晰等种种原因，空关至今，目前准备对西弄进行酒店改造。新加坡的 Jaya 团队负责酒店内装的方案设计，上海现代建筑设计集团工程建设咨询有限公司的室内设计所和综合设计一所分别负责酒店样板房的室内装饰施工图和室内机电施工图的设计工作，项管所负责整个改造项目的工程管理工作。

由于项目中参与团队众多，各方协调困难，且现场情况与以前的施工图纸有较大出入，难以作为设计团队的设计依据，因而传统的设计方法和项目管理方式遇到了很大的困难。在这样的背景下，以建业里改造项目为试点，致力于搭建一个成熟、科学且被行业认可的 BIM 历史保护建筑改造方面的应用体系，解决该类项目中各参与方的需求。利用建筑信息化技术来辅助设计和项管部门推动建业里改造项目的顺利进行。

1.BIM 技术还原建筑现状

既有建筑改造的第一步是获得建筑现状资料，建筑现状资料的来源主要有两个途径，一个是项目竣工时存档的竣工图纸，另一个就是已经建成的项目现场。竣工图纸往往不能与现状保持一致，主要原因是在建筑的生命历史中经历了多次改造或修缮，同时竣工图纸的缺失也是普遍现象。为了解决图纸与现状不一致和图纸缺失的问题，实际工程中往往采用现场实测的方法进行复核，但该种方法工作效率比较低，还原的建筑现状数据偏差大，主要集中在房屋的基本尺寸方面，对于建筑的细节难以还原。

在建业里改造项目中采用了既有建筑现状数字保留技术，采用了三维激光扫描与PT三维扫描相结合的方式实现了现状数字化还原。三维激光扫描技术，建立了基于点云数据的BIM模型。该模型能够准确地反映样板房现状，为室内设计团队提供了设计参考。PT三维扫描技术作为三维激光扫描技术的补充，PT设备可以实时扫描实时成模，虽然PT三维扫描的模型精度不高，但是其成模效率非常高，适合现场大致情况描述，方便管理者进行项目实施的监督检查。

在项目的实际应用中进行了多次BIM模型修正以达到建筑现状的数字化还原的真实性，工作过程如下：

第一版BIM模型：根据项管提供的建业里竣工图纸。

目标：建立与竣工图纸一致的BIM模型。

专业：建筑、结构、设备。

目的：为室内设计、项目管理等参与方提供基于竣工图的BIM模型，协助开展项目前期工作。

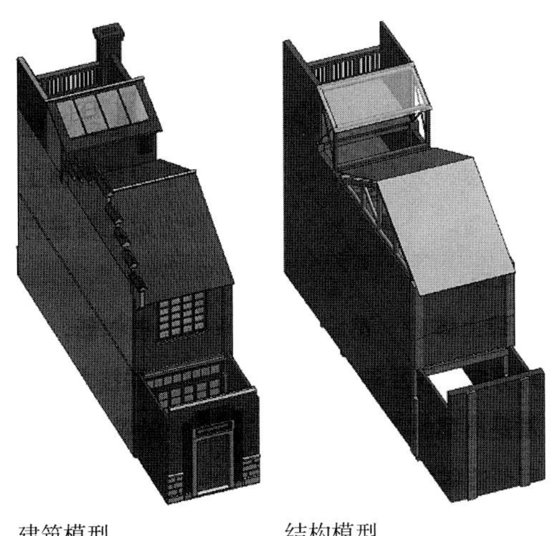

建筑模型　　结构模型

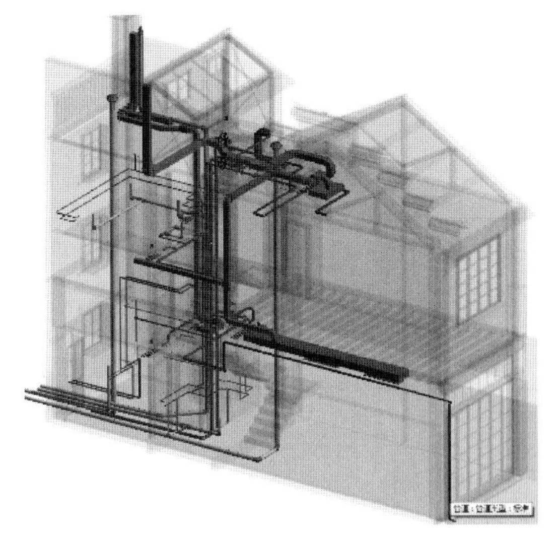

机电模型

第二版BIM模型：根据现场踏勘与现状照片。

目标：修正第一版模型，建立与现状基本一致的BIM模型。

专业：建筑、结构、设备。

目的：为室内设计、项目管理等参与方提供基于现状的BIM模型，协助开展项目设计工作。

修正内容举例：

在竣工图纸中院子两侧的墙顶部是在门梁子的下方，但是在现场照片中可以看到墙的高度实际是和门上方线脚平齐。依据现场照片，在模型中对墙高进行了修改，以还原现状。

第三版BIM模型：根据现场三维激光扫描数据与踏勘。

目标：建立与现状一致的BIM模型。

专业：建筑、结构、设备。

目的：协助推进设计决策、方案优化，辅助现场管理。

第四版BIM模型：根据改造后竣工现场、改造后竣工图纸生成改造竣工BIM模型。

目标：建立与改造后现状一致的BIM模型。

经过四版BIM模型的修正，最终形成了与现场一致的BIM模型，BIM团队将该模型交付给设计、监理、施工、项目管理等专业，进行BIM模型的进一步应用，限于篇幅在这里就不再对IFC数

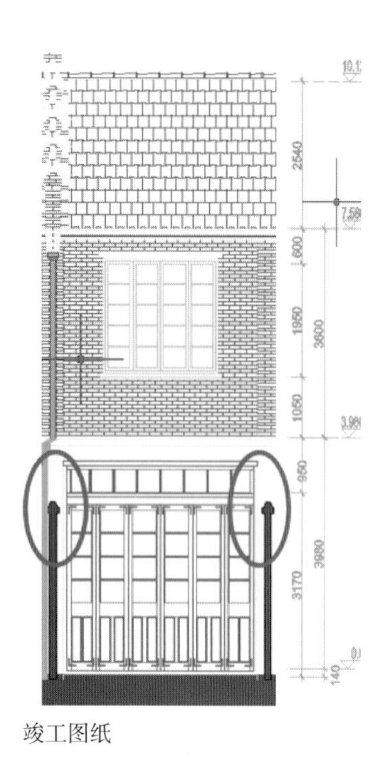

竣工图纸

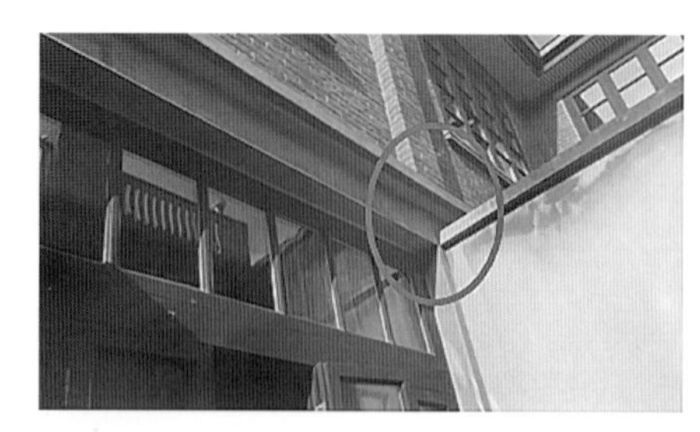

现场照片

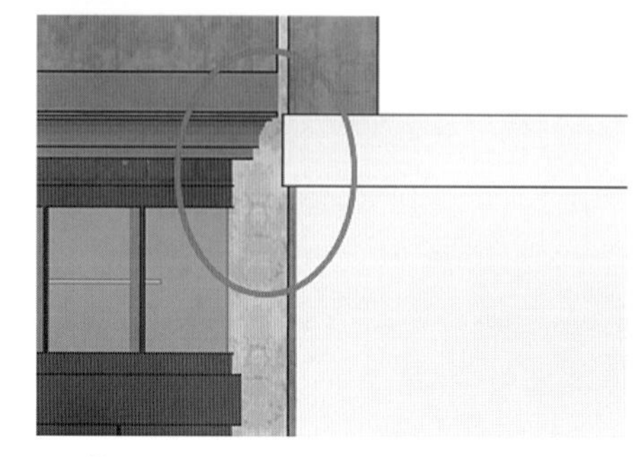

BIM模型

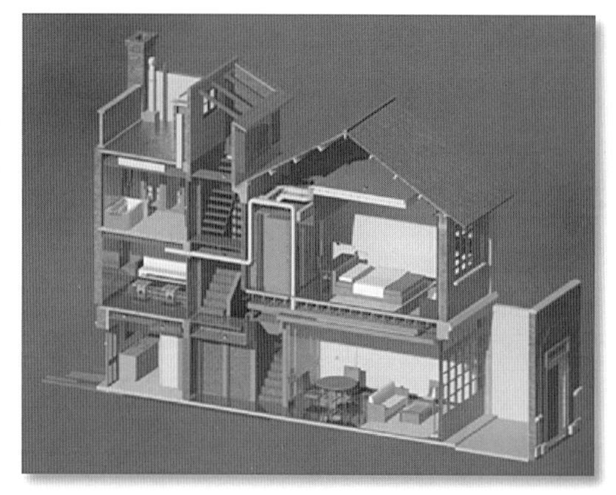

样板房竣工模型

据交换、BIM 的碰撞、提取工程量、设计协同等基本应用一一介绍。

2.BIM 技术助力装修施工

建业里项目具有集群式改造的特点，房间数量多，该项目先期进行了上述样板房的设计与改造，在样板房的设计、施工的过程中发现实际存在的问题，总结解决方法，为下一步进行大批量设计、施工奠定了良好的基础，无论是设计、监理、施工还是项目管理方都对该项目有了真实的了解，在下一步工作中能准确地控制项目的进度、质量、造价等内容。

在施工方面 BIM 团队对装修的重点部位进行了进度、工艺模拟，以控制施工现场的施工进度与质量。同时监理与项目管理方对工程进行了质量记录。

综上体会：建设监理行业的科技创新，一定要跨界向数码互联行业学习，数码互联技术的创新研发是典型的跨界大协作，望未来加强协作力度，共同创造科技创新的新天地。

电力监理行业现状和发展前景调研报告（上）

中电建协电力监理专委会调研小组

电力监理行业是我国建设工程监理领域的重要组成部分，是工程监理制度取得实践成果的行业。在工程建设体制改革和电力工业体制改革不断深化、经济发展进入新常态的大背景下，电力监理行业面临改革和发展的新问题。

为了寻找解决问题的对策，更好地适应新的发展需要，根据中电联和中国电力建设企业协会的部署，电力监理专委会组织开展了电力监理行业现状和发展前景的调研活动。这次调研历时 10 个月，召开了 10 多次座谈会、研讨会，分析了 11900 份调研问卷，并邀请高等院校专家团队做了调研的整体设计和数据分析。通过业主座谈、专家诊断、现场观摩、统计分析、问卷分析、案例分析、专题调研、理论研究、同业对标、国外同行业比较等方式，对电力监理的现状和成绩进行了全面的总结，对存在的问题进行了客观和理性的分析，对解决问题的办法和途径提出了意见和建议，期望为政府、协会、企业的决策提供参考。

一、电力监理行业与同行业的比较

（一）全国监理行业的情况

1. 资质情况

我国建设工程监理行业市场化程度较高，公司数量众多，普遍规模较小，竞争较激烈且呈高度分散状态。根据国家统计局统计数据，2005~2014 年间，我国建设工程监理行业在册企业数量变动情况如图 1：

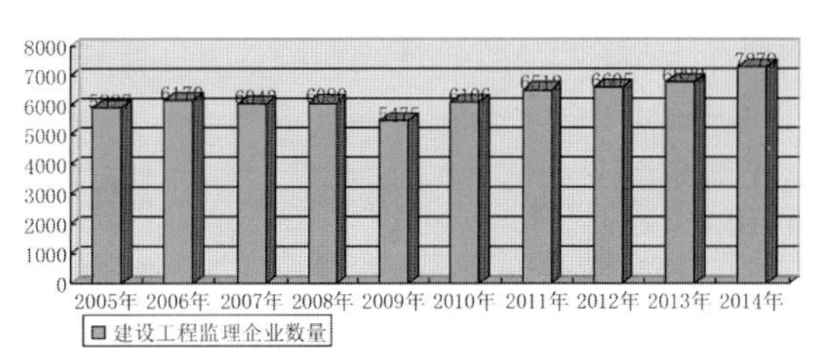

图1　2005~2014年全国建设工程监理企业数量变动情况（单位：个）

根据住房和城乡建设部对 2014 年全国具有资质的建设工程监理企业基本数据进行统计，2014 年全国参加统计的监理企业共有 7279 个，与上年相比增长 6.73%。其中，综合资质企业 116 个，增长 16%；甲级资质企业 3058 个，增长 10.92%；乙级资质企业 2744 个，增长 5.54%；丙级资质企业 1334 个，减少 0.52%；事务所资质企业 27 个，增加 22.72%。如图 3：

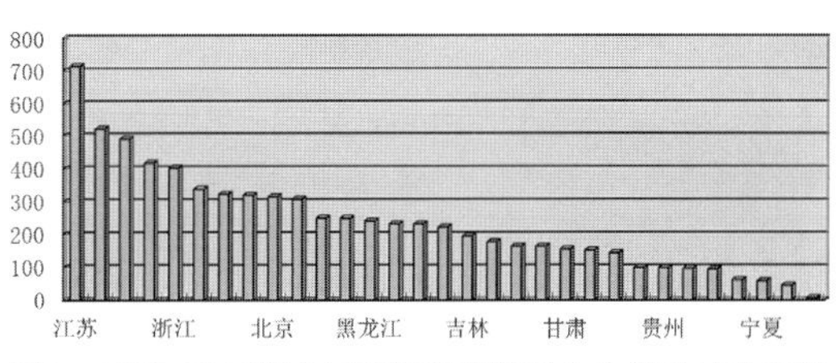

图2　2005~2014年全国建设工程监理企业按地区分布情况（单位：个）

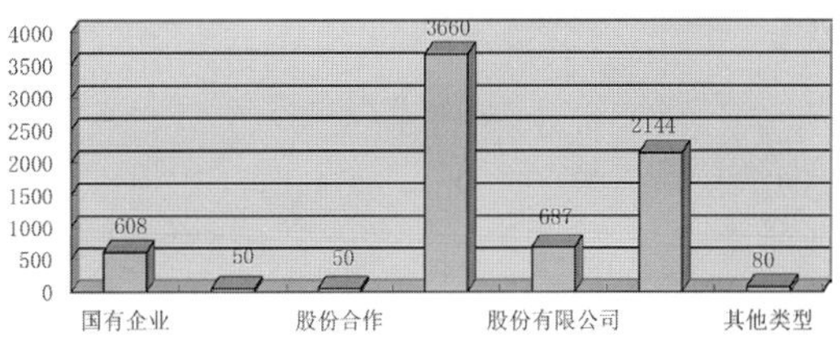

图3　全国建设工程监理企业按工商登记类型分布情况（单位：个）

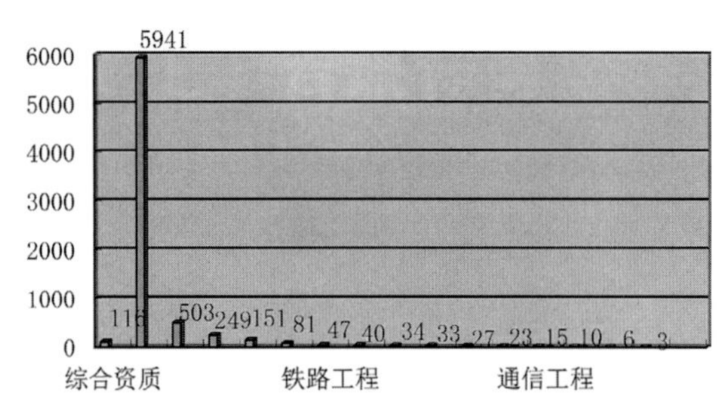

图4　全国建设工程监理企业按专业工程类别分布情况（单位：个）

（本统计涉及专业资质工程类别的统计数据，均按主营业务划分）

2. 从业人员情况

2005~2014 年间，我国建设工程监理行业从业人员队伍持续增长。2014 年底，行业从业人员数量较 2005 年底（即行业发展第三阶段末期）增长 117%；注册执业人员数量较 2005 年底增长 105%，高素质专业人员队伍的不断发展壮大，有利于推动我国建设工程监理行业的持续健康发展。

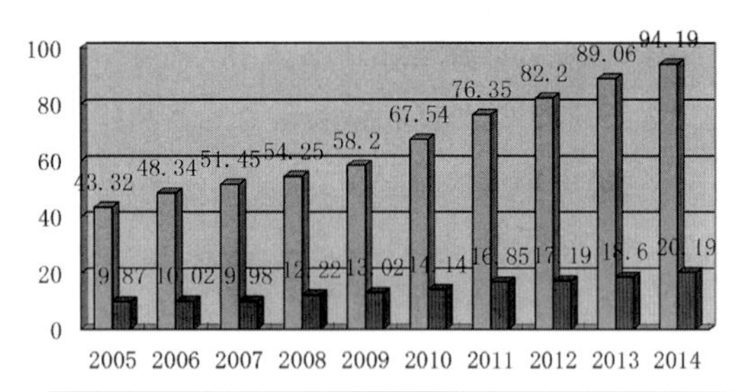

图5　全国建设工程监理企业从业人数及执业人数（单位：万人）

截至 2014 年年末，工程监理企业从业人员 941909 人，与上年相比增长 5.76%。其中，正式聘用人员 741354 人，占年末从业人员总数的 78.71%；临时聘用人员 200555 人，占年末从业人员总数的 21.29%；工程监理从业人员为 703187 人，占年末从业总数的 74.66%。

截至 2014 年年末，工程监理企业专业技术人员 831718 人，与上年相比增长 4.93%。其中，高级职称人员 122065 人，中级职称人员 369454 人，初级职称人员 212486 人，其他人员 127713 人。专业技术人员占年末从业人员总数的 88.30%。

截至 2014 年年末，工程监理企业注册执业人员为 201863 人，与上年相比增长 9.12%。其中，注册监理工程师为 137407 人，与上年相比增长 7.98%，占总注册人数的 68.07%；其他注册执业人员为 64456 人，占总注册人数的 31.93%。

3. 业务承揽情况

2014 年，工程监理企业承揽合同额 2435.24 亿元，与上年相比增长 0.50%。其中，工程监理合同额 1279.23 亿元，与上年相比增长 4.09%；工程项目管理与咨询服务、勘察设计、工程招标代理、工程造价咨询及其他业务合同额 1156.01 亿元，与上年相比减少 3.18%。工程监理合同额占总业务量的 52.53%。

4. 财务收入情况

2014 年度我国建设工程监理行业实现营业收入 2221.08 亿元，创下自 1988 年试点以来的行业营业收入最高纪录。2005~2014 年期间，我国建设工程监理行业营业收入变动情况如下：

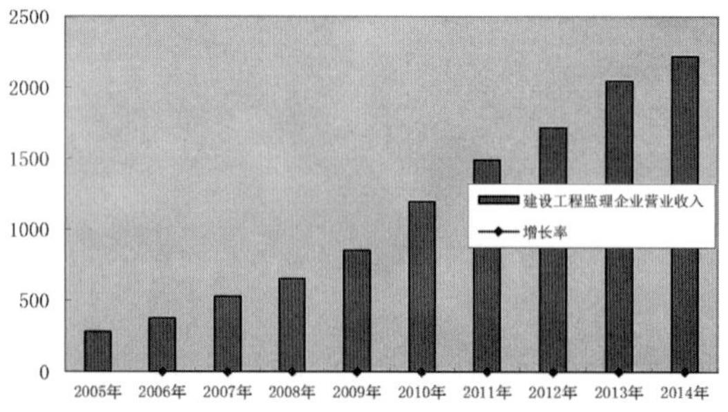

图6　全国建设工程监理企业营业收入情况（单位：万元）

工程监理业务属于专业资质类企业。专业资质包括房屋建筑工程监理、电力工程监理、市政公用工程监理、铁路工程监理、通信监理等 14 个细分领域，按细分领域统计的专业资质类企业 2005~2012 年营业收入情况如下：

2014 年，工程监理企业全年营业收入 2221.08 亿元，与上年相比增长 8.56%。其中工程监理收入 963.6 亿元，与上年相比增长 8.77%；工程勘察设计、工程项目管理与咨询服务、工程招标代理、工程造价咨询及其他业务收入 1257.5 亿元，

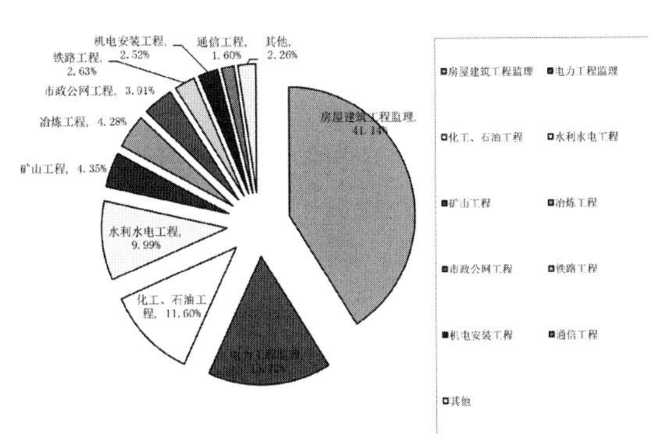

图7 全国建设工程监理企业营业收入情况

与上年相比增长8.39%。工程监理收入占总营业收入的43.4%。其中,9个企业工程监理收入突破3亿元,32个企业工程监理收入超过2亿元,131个企业工程监理收入超过1亿元,工程监理收入过亿元的企业个数与上年相比增长12.93%。

(二)全国电力监理行业的情况

1. 资质情况

据中电建协统计,参与2015年电力监理行业统计的131家监理企业中,具有综合资质的监理企业有5家,比2014年增加1家;具有电力工程甲级资质的监理企业有99家,比2014年增加10家;具有电力工程乙级资质的监理企业有31家。电力工程监理企业资质类别及等级汇总情况如下:

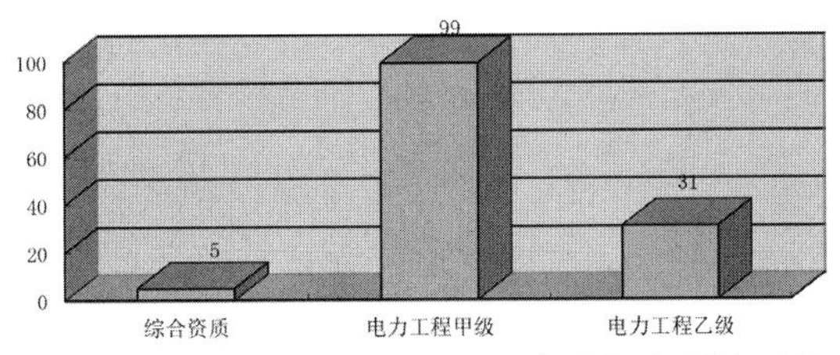

图8 2015年全国电力工程监理企业资质类别及等级(单位:个)

2. 从业人员情况

据中电建协统计,截至2015年底,131家监理企业期末员工总数44885人,比2014年增加2731人,增长6.48%。其中注册监理工程师4323人,比2014年的3933人增加390人,增长9.92%。电力一级总监理工程师1331人,比2014年的1300人增加31人,增长2.38%。电力二级总监理工程师971人,比2014年的668人增加303人,增长45.36%。电力监理工程师

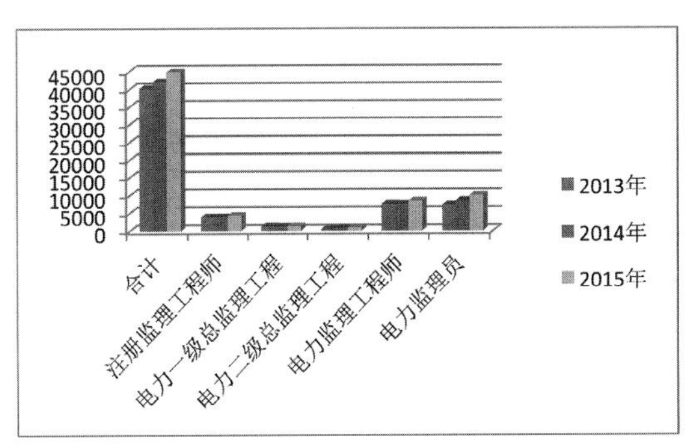

图9 2013~2015年电力工程监理企业监理岗位资格汇总(单位:人)

8420人,比2014年的7505人增加915人,增长12.19%。电力监理员10029人,比2014年的8498人增加1531人,增长18.02%。

3. 业务承揽情况

据中电建协统计,2015年,131家监理企业实现总营业收入196.17亿元(含其他营业收入和总承包收入),同比增长5.47%;完成工程监理营业收入74.07亿元,同比增长4.44%。工程监理收入占总营业收入的37.76%,与2014年占比基本相同;合同存量306.38亿元,其中,工程监理业务合同额91.39亿元,同比增长7.28%。境外合同额15.89亿元(含总承包业务)增幅较大。2011~2015年电力工程监理企业业务情况汇总如下:

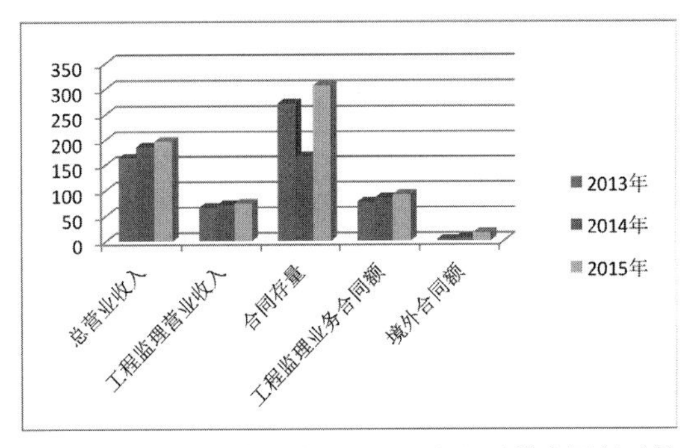

图10 2013~2015年电力工程监理企业承揽合同额(单位:亿元)

4. 财务收入情况

据中电建协统计,2015年,131家监理企业总资产182.90亿元,总负债100.53亿元。资产负债率54.96%,比2014年降低了0.91个百分点。实现利税总额33.11亿元,增长62.62%。2011年~

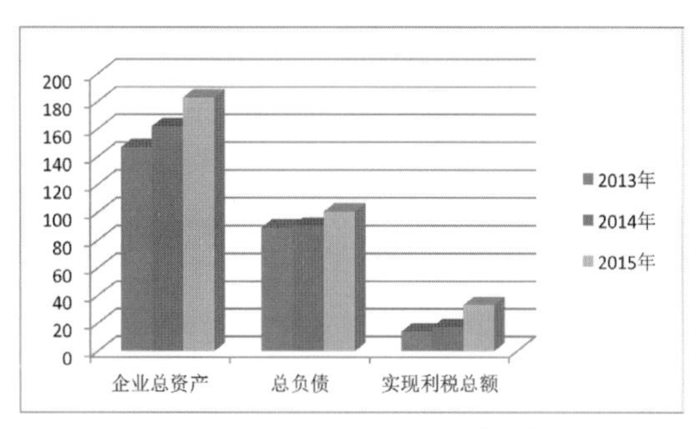

图11　2013~2015年电力工程监理企业资产负债情况（单位：亿元）

2015 年电力工程监理企业财务状况汇总如图 11。

通过以上统计数据对比分析，可得出以下结论：

（1）监理行业处于稳定上升发展阶段。从企业数量、从业人数、营业收入等数据来看，建设工程监理企业的发展呈逐年增长的趋势。高素质专业人员队伍的不断发展壮大，有利于推动我国建设工程监理行业持续健康的发展。

（2）监理业务范围呈多元化发展趋势。从现有监理企业的专业分布和专业资质类企业的分布来看，监理业务覆盖 14 个专业细分领域，有利于推动大型监理企业向工程项目管理和咨询转型。

（3）监理市场竞争过度，人均产值偏低。中小型监理企业偏多，大型监理企业偏少。大部分监理企业人均产值大约在 10~15 万元之间。

（4）电力监理处于相对领先的地位。主要表现在营业收入和人均产值两方面。2015 年，电力监理专委会会员单位总收入占全国监理企业总收入的 15.72%。产值过亿元的单位有 29 家，产值过 6000 万元的有 50 家。人均产值超过 25 万元的有 50 家。

二、电力监理企业调研问卷分析

本次调研对象为中电建协电力监理专委会会员单位和相关建设单位、设计单位、施工单位及有关单位和部门，调研形式为座谈会、问卷。共有 110 家单位参加，回收有效问卷 11900 份。调查问卷分为问卷 1 与问卷 2 两个部分，其中问卷 1 有单选题 17 道，分别从监理的法律地位（第 1 题）。监理行业的职责和功能（第 2 题）；监理行业的发展前景（第 3 题）；监理行业与监理行业专业技术人员对电力工程起到的作用（第 5~8 题）；电力监理的必要性和不可替代性（第 9、10 题）等方面进行考察。并试图找到造成电力监理工作出现问题的其他因素（第 11 题）；电力监理企业在电力工程建设中出现的议价能力低、收费低、权责利不对等问题背后的原因（第 12、16 题）；第 13~16 题则对行业协会成员单位及行业内部从业人员对行业整体未来发展的认识，对自身权责利的认识以及是否得到主管单位有效支持作出考察。

多选题 14 道，主要从电力监理行业从业者对行业的信心（第 1、2 题）、社会对监理工作的认识（第 3、4 题）入手，对电力监理行业要健康规范稳定发展的途径进行分析，对提升监理行业从业人员素质（第 6 题）、监理价值未能充分体现（第 7、8 题）、监理行业权责利不对等（第 9~10 题）及其他监理行业存在的现实问题原因及对策进行了考察。

问卷二通过安全和质量两个维度对 96 家监理公司在 2015 年进行的安全质量检查情况进行调研。

对 11900 份问卷结果进行分析后得出以下结论：

1. 监理的法律地位明确，已经深入人心。调研问卷对象对《中华人民共和国建筑法》关于“国家推行建筑工程监理制度。国务院可以规定实行强制监理的建筑工程的范围”规定的回答，准确率达到 87.64%。

2. 在工程项目建设中，监理的作用明显。95.45% 的问卷对象认为专业技术力量强、监理工作到位的监理单位，对电力工程管理的作用非常有效。

（1）监理在工程安全管理中的作用不可替代。调研小组经过问卷统计，仅 2015 年度，96 家监理公司在 110kV 及以上的输变电工程项目中组织了公司一级的安全检查 4235 次；组织了项目监理部的检查 45428 次，发现隐患 47798 处，发出监理联系单 14097 份，签发监理通知单 21172 份，签发工程暂停令 561 份，整改关闭率 96.23%。

（2）监理在工程质量管理中的作用不可替代。调研小组经过问卷统计，仅 2015 年度，96 家监理公司在110kV及以上输变电工程项目中组织了公司一级的质量检查3302次；组织了项目监理部的检查46878次，发现隐患36153处，发出监理联系单17418份，签发监理通知单20137份，签发工程暂停令345份，整改关闭率95.22%。

（3）监理在工程建设中的社会监督作用不可替代。82.46%的问卷对象认为电力工程建设中，监理工程师对工程材料、设备、工程量等容易出现腐败问题的环节具有防控作用。

3. 监理作为我国工程建设管理的一项重要制度，目前还没有其他制度或技术力量可以替代。

（1）业主的工程项目管理公司不可替代监理。76.26%的问卷对象认为目前建设单位成立的项目管理公司或项目管理部，与实行监理制度之前的"工程指挥部"没有差别。

（2）社会上没有专业的技术力量可以替代监理。79.70%的问卷对象认为工程监理与项目管理、项目代建、工程咨询之间不可相互替代；63.21%的问卷对象认为在同一个工程项目中，监理公司与工程项目管理公司的工作界面发生重叠时，起主要作用的是监理公司；85.73%的问卷对象认为目前社会上没有一支可以替代监理公司从事质量和安全监管的专业技术队伍。

（3）如果取消监理，将无法保证工程质量安全。91.25%的问卷对象认为如果没有监理单位的过程控制，电力工程质量和安全会出现严重的滑坡。

4. 目前监理出现的问题有监理单位自身的原因，但更主要是政府监管的问题和市场竞争的问题。有49.26%问卷对象认为是政府监管的问题，50.74%认为是市场竞争的问题。两者数据较为平均，说明监理行业承受着来自政府和市场的双重影响。

5. 目前工程监理项目收费低有监理单位自身的原因，更主要是建设单位的问题。84.74%问卷对象认为是建设单位在招标过程中采用最低价中标的评标原则造成的；只有15.26%的认为是监理单位自身的原因。这个问题同样也反映在电力监理行业从业人员在"如果进行新的职业选择"一题中，高达37.7%的行业从业人员选择了到业主单位进行就业，这个比例远远超过了其他选项。这说明业主单位在市场中优势明显，议价能力强。而监理公司议价能力较弱，处于被动地位。

三、监理与国内外工程咨询、项目管理的比较

中国特色的建设监理制度自1988年创建以来，已有28年的历史。建设监理（在国外一般称为工程咨询、工程顾问、工程管理）的基本概念是建设项目的业主（投资者，也称工程业主）把工程的筹划与管理工作，委托给由专业人士组成的工程监理公司来完成的制度或做法。这种制度，在市场经济比较发达的西方国家，已有二、三百年的历史，并在全世界得到普遍的推广和应用，被称之为"国际惯例"。我国的建设监理制度正是借鉴和遵循这种"惯例"，并结合我国工程管理的实际情况建立起来的。因此，我国的建设监理制度在服务性、专业性、市场性、科学性等方面，与"国际惯例"有共同之处。

调研中，有一个问题一直困扰着调研组成员：是什么原因造成"中国特色"与"国际惯例"的距离越来越大？通过深入的调研和理性的分析，从以下几个方面比较之后可以得出结论。

（一）国内监理与国际工程咨询比较

如前所述，我国的建设监理制度是按国际通行的咨询制度建立起来的。但是，二者存在不同之处。见表1。

（二）国内监理与国内工程咨询比较

我国国内通行的监理与咨询的关系。监理本质上就是咨询，只是目前我国的监理只是定位在施工阶段的咨询，具有法律的强制性。监理与咨询的工程专业服务性质是相同的，在业务上存在兼容性，监理在咨询业务链条上可以向前或向后延伸。很多监理企业同时具有咨询资质，其业务涉及前期咨询、勘察设计、设计监理、指标代理、设备采购与建造（设备监理）等内容。二者的不同之处，见表2。

国内监理与国际工程咨询对比 表1

	中国工程监理	国际工程咨询
法律法规规定	《中华人民共和国建筑法》、《中华人民共和国招投标法》、《中华人民共和国合同法》、《中华人民共和国采购法》、《中华人民共和国城市规划法》《建设工程质量管理条例》、《建设工程安全生产条例》、《建设工程勘察设计管理条例》等	工程咨询企业作为企业法人按照《公司法》、《合同法》等开展经营活动，承担相应的民事责任
行政管理	中国的相关法律、法规和部门规章规定，工程监理企业的市场准入和退出，企业的资质等级确定、晋升或降级，由建设行政主管部门决定	较少，以协会管理为主。
行业规范	中国的行业协会、学会，只能接受政府行政主管部门的委托，从事一些具体的、辅助性的工作，还没有行业管理职能；与建设监理有关的工作标准、规程、规范、示范合同文本等，也由建设行政主管部门负责制定和颁布；其他国家工程咨询企业没有资质等级，注册专业人士的考试和注册一般由协会、学会负责	国际咨询工程师联合会及各国工程师协会负责组织、从事行业相关领域的学术研究，制定行业标准，最具代表性的为国际咨询工程师联合会制定的FIDIC合同文本；甚至一些工程师协会利用其声誉和影响，直接出面或组织会员单位承接咨询项目
业务范围	施工阶段的工程质量、造价、进度控制及安全生产管理的监理工作	从投资决策、项目策划到勘察设计、招投标、施工以及竣工验收和保修、质量评价等项目建设的各个阶段；以满足业主各方面管理的需要为目标，为业主提供项目评估、决策咨询、项目策划和实施控制、招标投标、合同管理、信息管理、技术咨询、质量评价等方面服务

国内监理与国内工程咨询比较 表2

	国内监理	国内工程咨询
法律法规	国家法律规定实行监理制度，国务院制定强制监理的范围；其中《建筑法》第三十条规定“国家推行建筑工程监理制度，国务院可以规定实行强制监理的建筑工程的范围”	除了行政法规的规定之外，没有法律从业务上强制规定
业务范围	监理单位受项目法人的委托，根据国家批准的工程项目建设文件、建筑工程法规、建筑工程监理合同及其他建筑工程合同，对建筑工程实施监督管理	涉及工程建设的前期咨询(项目建议书、可行性研究报告)、设计咨询、实施咨询和项目后评估
管理体制	由住房和城乡建设部归口管理，继而产生了企业监理资质、注册监理工程师以及市场行为的管理法规	由发展和改革委员会归口管理，继而产生了企业咨询资质、注册咨询工程师以及市场行为的管理法规

（三）监理与项目管理比较

我国国内通行的监理与项目管理的关系非常密切。目前，在工程项目管理中，监理部分扮演了项目管理的角色。二者的不同之处，见表3。

建设工程监理与建设工程项目管理对比分析表 表3

	工程监理GB/T 50319-2013	工程项目管理GB/T 50326-2006
设立时间	1988年	2001年
针对对象	受业主委托监督施工单位、设备制造单位	参建单位各方的项目管理
涉及阶段	主要是施工阶段	可以是全过程
法律责任	有	无
主要职能	项目监理机构及其设施、监理规划及监理实施细则；工程质量、造价、进度控制及安全生产管理的监理工作；工程变更、索赔及施工合同争议的处理；监理文件资料管理；设备采购与设备监造；相关服务等	项目范围管理、项目管理规划、项目管理组织、项目经理责任制、项目合同管理、项目采购管理、项目进度管理、项目质量管理、项目职业健康安全管理、项目环境管理、项目成本管理、项目资源管理、项目信息管理、项目风险管理、项目沟通管理、项目收尾管理等

从以上的比较可以得出以下结论：

1. 国内的工程监理与国际工程咨询具有相同的性质、特点和功能，工程监理是工程咨询的一个重要部分，是符合国际惯例的。目前国内的工程监理具有强制性，是特定条件下采取的特殊方式，具有中国特色，符合中国国情。

2. 国内的工程监理与国内的工程项目管理、工程咨询具有不同的服务对象、服务范围、服务标准，三者之间又有交叉的服务界面。外界容易产生混淆。

3. 政府的行政监管以资质审批为主，不同的资质承担不同的咨询业务，造成国内工程咨询行业产业链的断裂和市场分割。

4. 政府、社会、市场用国际工程咨询、国内工程咨询、工程项目管理的服务标准来衡量国内工程监理的服务质量和水平，产生了巨大反差。这是目前国内对监理产生误解的主要原因。

5. 强制监理没有相应的强制配套措施，尤其是没有强制的服务范围和责任，以及相应合理的报酬来保障。法律规定的强制性与市场竞争的自由性产生了不可调和的矛盾，成为监理行业自身无法解决的问题。

四、对电力监理行业的总体评价

监理制度经过28年的发展，法律法规体系基本成熟，党和政府、建设单位高度重视，监理企业依法经营，监理从业人员忠于职责，成为具有广泛群众基础的专业技术行业。

电力工程建设项目具有投资大、规模大、范围广、专业技术性强、建设环境复杂等特点，是资金密集、技术密集、人才密集型行业；电力工程建设项目的质量和安全直接关系到国家安全、公共安全、公民人身财产安全；电力工程监理行业对工程质量安全具有保驾护航的作用，对工程投资造价具有监督控制的作用。

从调研座谈会和问卷情况来看，被调研对象普遍认为：实行监理制度以来，电力监理企业在工程建设管理中发挥了重要作用，成为工程建设体制中不可或缺的重要一方，是工程质量、进度、投资控制和安全管理不可替代的角色。在近30年的发展过程中，监理企业面临重重困难，承受巨大压力，遭受种种误解；行业内普遍存在监理服务收费偏低、监理责任过大、监理权力不能落实、监理市场恶性竞争等现象，但大多数监理企业迎难而上，为电力工程建设事业作出了举足轻重的成绩。主要体现在以下几个方面：

1. 形成了电力工程建设特色的监理模式。建设监理制度与项目法人责任制、招标投标制、合同管理制共同组成了我国工程建设的基本管理制度。工程监理企业作为专业化的服务机构，受建设单位委托，为建设单位提供监理、咨询和相关服务，成为我国工程管理体制中的一个组成部分。经过近30年的积极探索，电力监理行业已经走出了一条以监理工程师执业为基础，以监理企业承担监理责任为主体，行业自律管理为主导，国家强制性监理和企业市场化运作相结合的创新发展道路，基本形成了电力工程建设特色的监理模式。监理企业和监理人员严格按照法律法规、工程建设基本程序和规程、规范、技术标准履行监理职责，依法监理，较好地保证了法律法规和有关标准、规范在工程项目建设中的落实。

2. 改善了我国投资环境和市场机制。改革开放以来，大型水电等工业工程建设项目引进国外资金，应世行等贷款机构和投资者的要求，率先采用了“业主—‘工程师’（即建设监理）—承包商”的建设管理模式，创造了工期、劳动生产率、工程质量和投资效益的国内新纪录，得到了世界银行等国际金融组织和投资者的广泛肯定，并在发展中国家推广中国特色的管理经验。在工程建设中实施建设监理将封闭型的自营制项目管理方式，向开放型、社会化、专业化项目管理制度转化，形成新的工程建设管理体制，有利于项目建设的投资效益，满足了投资者对工程技术服务的社会需求，有利于建立新的建设市场机制。

3. 推进了电力工程建设管理总体目标的实现。

由于传统的建设工程管理体制的种种弊端，在许多工程中长期存在着三大目标失控，导致我国的工程建设水平和投资效益长期得不到应有的提高，在投资与效益之间存在着比较大的差距。自20世纪80年代末推行新的建设工程管理体制以来，在建设初期，建设单位以合同形式确立了建设单位与设计、监理、施工等参建方之间的关系，明确各方在建设管理过程中各自应承担的责、权、利，监理工程师依据监理委托合同的授权，在项目现场负责建设项目实施阶段的组织管理，以合同管理为中心，协调各参建方共同合作，对施工质量、工期、投资进行及时有效的控制，促使合同双方顺利履约，推进了建设项目总体目标的实现。

4. 实行监理的工程项目质量显著提高。电力工程建设是关系国计民生的重大工程，对工程的质量要求高，工程质量直接影响着工业建设项目投产后的生产能力，能源供应是否稳定可靠，民生财产能否得到保障，等等。监理企业认真履行监理职责，严把质量关，成为工程质量的卫士，确保了工程质量。监理工程师准确理解并贯彻设计意图，协调施工方共商施工工艺，控制工艺流程，精细施工，以优良的工程质量实现建设项目的生产运行功能目标；实行监理的电力工程项目，质量不断得到提高，一次验收合格率一般能达到100%，优质工程明显增多。某质量监督部门的负责人这样评价："20多年来，质监站工作人员没有增加，但工程项目成倍增长，大量的质量监督的基础工作是监理在做。如果没有监理，工程质量就会失控。"比如在2008年5月12日发生在四川汶川的8.0级特大地震中，距震中仅11km的都江堰市和37km的彭州市成为重灾区，然而，在重灾区中，由四川电力建设监理有限公司监理建设的59所中小学，却无一垮塌，无一师生伤亡，这就是监理社会价值的最好证明。

5. 有效的监理确保了工程安全受控。监理企业严格执行国家有关安全法律法规，实行现场安全预防预控，杜绝重大安全事故的发生，成为工程安全的守护者，减少了安全责任事故。国务院《建设工程安全生产管理条例》从2004年2月1日开始实施后，各监理企业把安全监理当作一项义不容辞的工作，与各参建单位共同努力，有效地促进了施工的安全，使电力的建筑施工安全事故呈现出逐年下降的趋势。

本次调研，调研小组对电力建设项目安全监理作用进行了调研分析。收集和整理了电力建设项目近五年内安全事故情况、国家优质工程金质奖电力建设项目的安全情况、因监理履职不到位而发生的较大人身伤亡事故案例、电力建设项目无监理单位而发生人身伤亡事故的案例、监理履职到位并规范管控而保障电力建设工程安全有效进行的案例等。统计数据表明：所有发生较大事故的电力建设项目都存在无监理单位或监理人员履职不到位的情况；调查研究证明：所有表现较好的监理项目（以获国家优质工程金质奖为例）都未发生安全事故，且近五年内所有获得国家优质工程金质奖的建设项目中电力建设项目占58%（获奖项目全部含电力监理单位），占比高于其他监理行业。

6. 推动了工业技术和工程技术进步。工业建设监理企业施工前研究、理解设计意图，开展设计监理，审查施工组织设计，监控现场施工工艺试验；在施工过程中，监理方与承建方共同协作，严控施工工艺，及时发现问题，共同研究对策，克服困难，精细施工，准确安装，确保实现建设项目的投产运行，保证工程投资的最佳效益。建设监理促进了工业建设项目的成功建设，推动了工业技术和工程技术的进步。电力监理专委会有30多家会员单位承担了电网特高压、超超临界和超低排放电厂、核电站工程的监理。其中，湖南电力监理公司承接并完成了向家坝—上海±800kV特高压直流输变电示范工程、晋东南—南阳—荆门1000kV特高压交流输变电示范工程等十多项工程的监理咨询服务及部分建设管理工作，获得两项金奖；主编完成《±800kV换流站施工质量检验及评定规程》等14项国家电网公司标准。该标准涵盖了±800kV直流换流站、接地极、架空送电线路和接地极线路的施工、验收、质量检验等方面，反映了我国特高压直流输电的科研成果，弥补了国内外直流工程施工验收和质量检验及评定标准的空白，荣获国家电网公司科学进步奖特等奖。

7. 实行了规范的行业自律管理。中电建协电力监理专委会在中电建协的领导下，积极发挥协会的作用，形成了电力监理特色的行业自律管理的“六个机制”：信息反馈机制、沟通协调机制、对话协商机制、创新发展机制、新闻宣传机制、可持续发展机制。电力监理专委会坚持共同协商，民主决策的工作方式，努力维护畅所欲言、团结和谐的工作氛围，为会员单位搭建专业分工、信息共享的交流平台；建立了行业自律委员会和行业自律监督检查组，维护市场竞争秩序，促进会员单位提高服务质量，保证业主和监理双方的权益；建立与业主对话的协商机制。结合行业调研，专委会和各区域会长单位安排与建设单位进行座谈，听取建设管理单位对电力监理工作的要求和意见，反映电力监理工作的情况和问题。加强与各级协会的联系和交流，积极参加各级协会组织的各项工作活动。会长单位和具有一定实力的会员单位在地方各类协会中发挥作用，增加专委会工作的广度和深度。建立与政府部门的联系渠道。通过参与政府主管部门组织的各种与监理工作和工程建设有关的活动，协助政府主管部门完成有关信息收集、政策调研、技术咨询、培训科研等方面的工作；以电力监理技术研究为重点，组织会员单位开展监理技术研究。开展切合电力监理行业实际的课题研究，从理论上解决困扰监理企业发展的一些深层次的问题，为会员单位提供智力支持；促进和带动会员单位形成调查研究的风气，注重员工素质的提高，培养企业学科带头人，树立知识型、技术型的监理形象，提升行业整体素质。以人才队伍建设为根本，建立电力监理企业的人才培养制度。组织力量开展监理企业人力资源需求规划，制定电力监理项目的人才需求标准，为电力监理企业优化人力资源管理提供参照。加大对外宣传的力度，整合“互联网 +”的传播经验，建立适应信息化发展、适应电力工程建设和电力监理企业发展的通讯联络网络，努力为电力监理行业的发展创造良好的舆论环境；制定电力监理行业发展规划。通过规划认真总结电力监理专委会成立以来的工作经验和工作成绩，客观分析电力监理行业的整体实力和发展前景，引导电力监理企业的科学发展。开展电力监理行业文化的建设，推广电力监理行业文化研究的成果，逐步形成全体会员单位共同的愿景和价值观。

8. 获得了业主支持和社会广泛认可。电力监理企业脚踏实地的辛勤工作为进一步发展奠定了良好的基础。在大型电力工程和国家、省重点工程建设中，电力监理企业在综合协调，质量、投资、进度控制，安全、现场文明施工管理等方面发挥了重要的作用，成为电力工程建设中受尊敬、有权威、起作用的重要一方。出现了一批公信力较强的监理企业和知名度较高的总监理工程师。

2013 年 11 月 6 日 ~8 日，中国建设监理协会领导带队到 ±800kV 上海奉贤换流站工程、浙江嘉兴电厂、绍兴 220kV 袍南变电站工程和浙江电力建设监理有限公司进行调研，对电力监理工作给予充分的肯定：电力监理行业同其他监理行业相比有较大的优势，专业多，技术强，门槛高，体制好，人员素质高，行业自律做得好，电力监理企业为电力工程建设做了实实在在的工作，为我国电力工业的发展作出了贡献。有些好的经验值得其他监理行业借鉴。

实践证明，国家实行强制监理制度的决策是正确的。监理制度是我国改革开放和建设工程监管体制改革的成果。监理制度在电力工程建设领域的实践是成功的，是符合我国工程建设实际又能与国际接轨的一项工程管理制度。电力工程监理是工程建设中不可缺少的重要一方，为工程质量安全起到了保驾护航的作用，为工程投资造价起到了监督控制作用。在调研中，广大的监理工作者坚信在施工阶段监理的基础上可以将监理的内涵延伸到工程建设的全过程。电力监理企业有能力参与国内国际市场的竞争。

试论监理人的德商、智商、情商

山西省建设监理理论研究会　殷正云

摘　要： 本文联系监理人的工作实际，比较全面地论述了监理人应具有的德商、智商和情商，论述了德商对智商和情商的统领作用，澄清了在智商和情商方面的一些错误和片面认识，指出了监理人在高德商的前提下，既要有高智商同时更要有高情商，才能更好地胜任监理工作。

关键词： 监理人　德商　智商　情商

在职场的监理人要做好所从事的监理工作，就要具备较高的德商、智商与情商，三者缺一不可。非此，则很难满足工作的需要，也很难为业主提供优质的服务。

一、德商要高

何为德商？德商与智商、情商又有什么关系？简言之，德商就是工作和生活中表现出来的道德行为，是在工作中正确决策和判断行为对与错，并付诸行动的能力。一个高德商的监理人员就会敬畏监理工作，热爱监理工作，对监理具有真诚、负责的态度，有公正有担当，会对业主高度负责，具有自我实现和自我控制的能力。能正确确立自己的道德准则、价值观和道德信念，有明确的工作目标和行为方向，心怀梦想，踏实工作。

监理人要不为物役。古人云，“祸莫大于不知足，咎莫大于欲得”，监理人应正确理解物质与精神的关系，物质欲望简单，心灵就会更加丰盈鲜活。高德商要求监理人不为蝇头小利而丧失监理气节；不为艰苦环境和工作挫折而动摇自己的意志和决心；不为周围出现的杂音干扰而影响自己的职业目标。始终对自己的选择负责，对自己的监理工作可能产生的后果负责。

德商是做人的大问题，是一个人一辈子要修炼、要始终不渝追求的终极目标。这就是要监理人活到老，学到老，改造到老。德商是一个人成就事业的根本，是基础。德商对智商、情商具有强大的引领和导向功能，它可以规范和引导一个人的行为，使人生的主要精力花在自己所热爱的职场中，使自己始终保持正确的人生航向，做有益于社会、有益人民的人。监理人有高德商，就会将监理当作自己的事业来完成，就会要求自己通过学习和历练，具备职业道德、职业情操、职业素养，遵守严格的职业纪律，踏踏实实工作，清清白白做人。

德商如同果树上的果蒂，德商不好，长在蒂上的果子也必定长不好；蒂坏了，果子也必然会坠落、烂掉。因此，监理人要知行合一，内外双修，通过长期在职业生涯中的不断学习、不断实践、不断奋斗，提高自我、完善自我，使自己始终具有一种强大的、不假外力的内在正能量，做一个志向高远、有清晰的职业发展目标的监理人。

二、智商要高

智商是表示智力水平的标准，也是测量智力水平常用的方法。智商的高低反映着一个人的智力水平的高低。监理人的智商主要体现在个人的职业素质、专业技能和解决工程咨询中出现的各种问题的能力方面。这就要求监理人员要一专多能，向复合型人才发展。要有较高的学历，具备相应的技术职称，具有从事监理咨询工作的相关注册资格证书。具有适应工作需要的相关经济、法律和文化知识，具有掌握使用监理设备、运用监理技术的技能。原则上讲，监理人的智商应包括：掌握与自己所从事的监理工作的专业知识，并对其他相关专业的知识有所了解；熟悉和掌握建设工程的法律法规，熟悉和掌握本专业的技术规范和相关标准，对其他专业的规范标准也有一定的了解和掌握；熟悉建设的相关程序，并能按照程序要求监理；熟悉工程设计图纸，明白图纸的设计意图和技术要求，特别是设计监理能清楚地了解业主对建筑物功能的意图，能及时发现设计方违背业主意图、违反规范要求，在设计方面存在的不合理、有缺陷的问题。监理人员的智商还表现在工程建设中具有比较丰富的工程实践经验，具有敏锐的发现问题的能力，能找出工程建设中影响施工质量和安全、违反规范标准存在的问题。具有案牍工作能力，会编写监理文件、审核施工方案、施工文件，提出审核意见并帮助施工方完善方案的内容。

新版《建设工程监理规范》对监理人的职责作了较大的修改，增加并明确了监理的许多职责。像审核分包单位资质，参与工程变更审查与处理，参与工程竣工预验收和工程验收，处置发现质量和安全隐患，编写监理日志和监理竣工报告等。随着监理行业由低端向高端发展，建筑技术日渐复杂多样，监理工作服务的范围不断拓宽，内涵更加丰富，这些都对监理人的智商提出了越来越高的要求。

智商是一个人的才能体现。是做成事、做好事必备的素质和能力。如果一个人对事业仅有一股热情、只有做好工作的愿望，而缺乏必要的才能，这种良好的愿望注定也是不能实现的。

三、情商要高

情商是认识、控制和调节自身情感的能力，也是理解人及与人相处的能力。情商的高低反映着情感品质的差异。情商对于人的成功起着极为重要的作用。监理工作属于高智能的技术管理服务。它不同于其他行业，具有工程咨询、工程监管的特点。监理人员要负责整个施工现场的管理工作，天天与业主和勘察、设计、施工等单位的人员打交道，同政府质检、安检部门打交道，这就要求监理人更要具有高情商。其主要表现是，监理人要有稳定的情绪，能客观地、正确地认识自己的情绪状态，自觉地予以管理和控制，使情绪始终保持在适度、适所的范围，不因工作中产生分歧而恼怒，不因一时成功而欣喜；不因失败而气馁。要使自己始终乐观向上、充满正能量，会激励自己，具有适应环境能力强的优势，有超强的抗压能力和自我安慰能力，能迅速从消极的阴影中走出来。对在工作中接触的上司、同事和施工人员，都能坦诚相待，善于协调人际关系，会从细微处觉察识别他人的情绪，说话、做事能顾及对方的感受，善解人意。遇事能换位思考，替对方着想，遇事不急躁、不抱怨，敢于面对现实，以阳光的心态，积极的态度解决问题。如果监理人有这样的情商，其智商和潜能就能得到充分发挥，在工作中建立友好和谐的关系，使自己的工作有一个好的环境，工作起来得心应手、游刃有余。

但在现实中，一些监理人往往只重视业务水平的提高，而不大了解或不重视对情商的培养，这也是目前影响监理服务质量的重要原因。试想一个智商很高、工作能力很强的监理人员，如果情商很低，不懂得尊重人，不能有效地与人沟通，出了问题就发脾气、抱怨、指责，这就很难与人相处，很难与人合作共事。但我们说的情商也绝不是像个别人所想象的那样，既不是低级庸俗的哥们义气，也不是你好我好无原则的好人主义，更不是拉拉扯扯、不清不白的不正当关系。情商虽然有天生的成分，但是也可以通过后天的不断学习和经验的积累而获得。监理人要追梦圆梦，实现个人的人生价值，成为一名有获得感、幸福感的人，不但应该学习工程咨询方面相关的新知识、新技能，同时，也应不断地，有意识地学习有关情商方面的知识，培养和提高自己的情商水平。情商在一定情况下甚至比智商还重要。因为有了情商，好的人脉，个人的聪明智慧和潜能就能得到充分发挥，团队的整体作用就会放大，监理工作的效率也会不断提高。

监理人的德商、智商、情商是一个完整的、有机的统一体。德商是一个人的灵魂，是做人的根本，起着总管的作用，而智商和情商如同一个人的左右手。只有人品高尚，又具有会做事、能做成事的能力，才会在监理的职场上作出不负时代要求的骄人的业绩，创造出新的辉煌。

浅谈赛迪工程咨询的信息化实践

重庆赛迪工程咨询有限公司　冉鹏

摘　要： 本文主要就重庆赛迪工程咨询有限公司（以下简称为：赛迪工程咨询）的信息化发展历程、企业管理信息化和项目管理信息化三方面进行介绍，内容包括中国工程咨询行业信息化发展现状，赛迪工程咨询三个阶段的信息化发展情况，赛迪核心信息系统（以下简称为：CCIS）主要功能以及公司和项目两个层级的项目全过程管理、全成本核算等情况介绍。

关键词： 工程咨询　信息化　实践

赛迪工程咨询成立至今，已经走过二十多年，在这岁月的脚步中不断的成长、发展和进步。赛迪工程咨询的信息化发展在这漫长的时光中一路伴随而来，通过长期的摸索实践，探寻并找到了一条符合公司自身发展的信息化之路。

一、中国工程咨询行业信息化发展现状

当前，众多工程咨询公司已认识到企业信息化建设是必然的发展趋势，对企业的健康、长远发展具有非常重要的意义，正在加快信息化建设的脚步。

工程咨询行业的领头企业已开始利用信息化，围绕项目为主线，进行项目全生命周期管理和项目全成本管理，并逐步向智慧化应用发展。

工程咨询行业的中小型企业也在进行着不同程度的信息化建设，但局限于资源（资金、人力、软硬件设施）成本限制，目前正在探索寻找适合于自身特点的信息化解决方案。

二、赛迪工程咨询的信息化发展历程

赛迪工程咨询信息化主要经历的三个阶段：

1. 数字化阶段：1993~2001 年，以计算机单机应用为主，将纸质文档转化为电子文档的数字信息，实现报表统计打印。

该阶段主要是以文字处理、投标文件制作打印为主的简单应用。计算机单机使用场所限于公司

办公室，主要使用人员为文职、经营、管理等人员；此外，还自主开发和购买了合同管理、人员管理、财务管理方面的应用软件。

2. 网络化阶段：2001~2009 年，利用互联网实现办公网络化、数据信息集成化。

该阶段开始在项目上应用“监理通”软件，并建立网络平台，实现监理信息的集中管理，促进了项目的规范化和对项目的远程考核管理。在 2005 年建立了公司官方网站，2006 年建立了公司内部办公平台，提升了公司的企业形象和项目远程办公能力。

3. 智慧化阶段：2009 年 ~ 至今，实施 CCIS 系统，实现了项目全生命周期管理和全成本核算，商务智能化。

2008 年，中冶赛迪集团开始进行全面信息化建设，以系统集成、资源整合、信息共享为总体目标，形成了以 ERP 为核心的 CCIS 系统。2009 年，赛迪工程咨询依托中冶赛迪集团以 ERP 为核心的 CCIS 系统，结合自身需求进行了 CCIS 系统实施，项目管理、人力资源、财务管理、资产管理、销售管理等模块成功上线，实现了各主要模块的系统化集成。经过逐年的系统完善和功能模块优化，在 2011 年顺利实现了项目全生命周期管理，2015 年实现了项目全成本核算管理，极大地提升了公司对项目管控及成本的分析能力，为项目绩效考核提供了有效的数据支撑。

三、赛迪工程咨询的企业管理信息化

赛迪工程咨询的 CCIS 系统主要由 ERP 生产系统、ECM 文档管理系统、OA 协同办公系统、TS 技术支持平台、MO 移动办公平台组成，各子系统主要功能有：

1. ERP 生产系统

考虑到中冶赛迪集团 80% 项目在外地，赛迪工程咨询则有 50% 的项目在外地，结合自身的实际需求，运用一套国际通行、广泛使用的信息系统是赛迪信息化核心竞争的立足点，是公司与客户沟通的展示台，是实现国际化的重要管理手段。ERP 生产系统以“人、财、物”为核心，围绕项目为主线，进行项目全生命周期管理和企业标准化建设，实现各业务模块的全面集成。对项目的计划、进度、成本及资源进行统筹管理和控制，涉及模块包括：营销合同管理模块、人力资源管理模块、项目管理模块、内容交付管理模块、采购管理模块、决策支持和商务智能模块等。

2. ECM 内容管理系统

赛迪自主研发的 ECM 内容管理系统，与 ERP 高度集成（ECM 项目文档可根据 ERP 项目工作计划与其自动关联），以项目文档在线管理为核心，能够进行项目文档上传、流程审批、版本管理、审阅归档、查询利用，在项目结束后进行自动知识归档，形成企业项目知识库，供以后知识重复利用。

3. OA 协同办公系统

OA 协同办公系统主要包括任务管理、公文管理、新闻管理、内部信息、会议管理等功能模块，OA 与 ECM 系统高度集成，流程结束即可自动档案归档，归集到知识库中，便于以后查询利用，达到办公自动化、标准化和规范化。

4. 技术支持平台

赛迪工程咨询拥有中冶赛迪集团专家团队、技术资源和研发平台的支持，以及公司内部专业技术体系（中冶赛迪集团专家、公司专家技术委员会、技术专家组、技术专业组）的支撑，为项目提供了强大的技术支撑，帮助项目解决工程现场问题。

在技术支持平台中，提供了在线交流、技术资料库、在线资源共建、标准图集查询四个平台，为员工提供了多种技术资料查询利用的渠道。

5. 移动办公平台

在移动端（手机、平板电脑）上使用公司办公平台，能够极大地方便外出和异地办公，赛迪建立了移动端使用的 CCIS 系统、CISDI 邮箱和办公云平台，实现了移动即时办公，提升了工作效率。

四、赛迪工程咨询的项目管理信息化

赛迪工程咨询的项目管理信息化主要体现在以下六方面：项目全过程管理和全成本核算、项目的 BIM 技术应用、数字化工程现场管理、项目信息汇报、项目在线学习考试、项目在线即时沟通，为项目提供了全方位的平台支撑，辅助项目做好现场工作，提升项目管理水平。

1. 项目全过程管理和全成本核算

项目全过程管理实现从销售机会到项目最终关闭的全过程管理，包含销售机会、项目立项及管理、合同管理、项目（实施）管理、项目预算、项目收费、项目报销、项目人工时、项目采购等九个方面的内容。

项目全成本核算是由项目经理根据项目情况编制项目预算，在流程审批通过后导入到预算管理平台中，实现项目的成本控制管理。项目在进行收费、费用报销、工时填报、办公用品采购等时受限于项目成本预算，当项目成本达到预算预警值，系统自动进行项目成本警示，超出预算自动禁止费用支出。

2. 项目的 BIM 技术应用

赛迪工程咨询从 2008 年巴布亚新几内亚瑞木镍钴项目的三维数字化施工现场起步，已经建立起一支由工程专业工程师和 IT 技术人员组成的富有现场实施经验的 BIM 技术应用咨询与实施团队。

近两三年，赛迪工程咨询在宜昌奥体中心项目、重庆中梁山隧道项目、重庆市儿童医院项目、重庆火车站综合交通枢纽等工程中应用了 BIM 技术，实施了 BIM 协同管理平台的应用，项目投资管理、施工进度控制管理中的 BIM 应用，质量安全管理中的 BIM 应用（图纸会审的质量管理、数字化施工现场管理、施工监理中的 BIM 运用等），现场施工控制管理中的 BIM 应用（多参建方复杂节点交叉施工指导、机电管线综合优化、净高控制及施工图纸二次优化、异形结构深化及施工模拟、钢结构专项工程 BIM 运用、施工平面布置图等）以及在运维资料收集及管理中的 BIM 应用。

3. 数字化工程现场管理

利用赛迪自主研发的移动端 APP 应用进行施工现场质量安全管理，监督、反馈现场施工情况，可在现场使用移动端调阅查看图纸、BIM 模型信息，提升了项目现场的管理水平，加强了质量、安全监督和管理。

4. 项目信息汇报

项目经理通过项目信息汇报平台定期向公司部门、业主方进行项目情况汇报，由此加强对项目情况的管控，定期查阅项目汇报，提升公司对项目的管控力度。

5. 项目在线学习考试

赛迪工程咨询所属职能管理部门和生产部门定期组织项目人员进行在线培训并考试，方便员工学习培训，加强培训管理，提升培训质量。

6. 项目在线即时沟通

利用赛迪自主研发的“轻推”即时沟通平台建立项目协作团队，进行团队成员间沟通，提升工作效率；随时查阅同事联系信息，方便实时沟通，同时，还能实时接收办公流程通知，随时随地在线办公。

五、结语

赛迪工程咨询在信息化过程中，有过困惑、遇到过困难，也走过弯路，但始终以技术为支撑，以信息化为手段，坚持“智力服务创造价值”的核心价值观，不断优化和创新，提升工程咨询行业的信息化水平。

信息化助力监理企业创新，提升核心竞争力

珠海市世纪信通网络科技有限公司　张优里　刘明理

在监理服务行业转型升级的改革大潮中，如何摆脱监理同质低位竞争的恶性循环，向产业链高端转型；如何把握市场发展的潮流，审视企业自身发展的有利因素和不利条件，通过改革创新，推动企业自身发展，在优胜劣汰的市场竞争大潮中立于不败之地，已经成为监理企业必须思考的紧迫话题。

随着互联网时代的到来以及信息通信技术的快速发展，新形势下的监理企业不能局限于过去的管理及服务模式，而是将走上创新形式的信息化道路，以技术服务创新和管理创新为突破口，以信息化作为企业创新的“助推器”，不断优化与创造新的企业竞争优势。

珠海市世纪信通网络科技有限公司作为领先的工程建设企业信息化服务商，推出的“监理通”（监理企业综合业务管理系统），目前在国内超过200家工程监理企业得到了应用；为了顺应国家互联网＋战略的浪潮，2015年，我们和上海华城集团合资成立上海项管通网络科技有限公司，开展“项管通”—工程建设云协作平台开发与运营，项管通云平台基于公有云服务，连接个人、项目、企业，为工程行业提供以项目为中心的互联网统一工作平台。监理通＋项管通＝企业级信息化＋项目级信息化，为工程咨询企业提供信息化整体解决方案。同时，我们在行业信息化实践中，也一直注重和优秀的工程咨询企业合作，开展项目管理、监理等业务创新。

一、企业信息化促进管理创新

管理创新是指企业根据现代管理的客观规律，在企业实际情况基础上，运用新的，更有效的资源整合方式使管理系统的功能有利于发挥管理要素的作用，以达到企业竞争力和综合效益不断提升的动态过程，它是核心竞争力体系中的一种能力，体现了企业管理能力不断提高和长期不断获利的能力。管理科学的核心就是应用科学的方法实施管理，按照市场发展的要求，对企业现有的管理流程重新进行梳理、改善；从作为管理核心的经营管理、项目管理，再向行政办公、物资、人力资源、财务、知识的管理，并延伸到企业对外技术服务全过程管理，形成企业内部向外部扩散的全方位管理。

企业信息化注重企业经营管理方面的信息分析和研究，信息系统所蕴含的管理思想也可帮助企业建立更为科学规范的管理运作体系，提供准确及时的管理决策信息。实现企业管理创新，必须借助信息技术手段，采用当今最先进的计算机与信息技术，建立在互联网技术基础上，将现代企业管理的思想和方法与企业实际结合应用，发挥信息化系统的信息采集、处理和网络的传递与共享功能，创建适应企业的工作流管理机制，才能使管理更科学、更有效，实现企业以管理创新提升核心竞争力的目标。

企业信息化建设重点主要体现在以下几个方面：

1. 工作协同：公司部门之间、分公司、外地项目部之间实现基于互联网的跨区域协同工作，打破地域和时间限制，随时随地网络办公。

2. 信息管理：对企业重要基础信息进行统一管理，建立企业信息分类、编码体系，保证信息来源唯一、准确，方便查询、共享、统计。主要信息包括：市场信息、客户信息、合同信息、项目信息、

物资信息、费用信息、人员信息、知识文档等。

3. 流程管控：梳理、优化企业日常行政、人事、项目、合同、财务等主要工作流程，通过信息系统固化、优化流程，保证各项工作流程切实落地，实现规范化、程序化、自动化运行，加强提升企业管理效率和运营效率。

4. 项目管理：建立全新的项目管理模式，涉及项目的启动、计划、实施、验收、评估等全生命周期管理，通过对项目的进度、投资、质量、安全等内容的信息录入、分析、应用，可以满足多个、多级工程项目的管理，使企业项目管理实现全面的信息化管理。

5. 决策支持：通过对企业运营关键信息的收集、分析、挖掘，以报表、图形等方式，为公司管理人员提供分析和决策依据。

6. 移动办公：通过智能手机终端实现移动化办公，不再受时间和地点的限制，随时随地处理工作。将信息化系统的企业资讯及制度的发布浏览、各种流程申请、审批、移动考勤、通讯录、项目信息上报、巡检（现场拍照）等功能，均基于移动应用进行实现和使用，大大提升企业的全员协同、运作效率。

企业信息化建设基本做法

1. 成立团队

成立专门的信息化工作小组，由企业分管领导牵头负责，各业务部门指定部门信息化责任人参与，建立长期有效的工作、沟通协调机制。

2. 统一规划

对企业信息化需求进行调研分析，重点对各部门的核心业务流程进行梳理、优化，借鉴同行的信息化经验，注重实效，设计出符合企业自身特色的企业信息化蓝图，编制《企业信息化规划报告》。也可以邀请专业软件厂家共同参与信息化蓝图设计及规划。

3. 系统选型

选择拥有成熟产品及丰富行业信息化经验的专业软件厂家作为企业长期的信息化合作伙伴。

4. 分部实施

信息化实施应奉行“先易后难”“由主到次”“先基础，后深入”原则，先从企业基础信息、流程管理、基础报表开始，分期实施上线推广，集中精力做到开发一业务模块，用好一个业务模块，注重实效，减少信息化推广的难度，降低项目实施风险。对于实施难点应采用试点模式，试点成功后再统一推广。切忌贪大求全，好高骛远。

5. 逐步完善

在系统使用过程中，特别是上线初期，应注意各部门使用意见的收集，与软件厂家沟通协调，作好系统的优化调整，逐步完善系统，加快系统的磨合。

6. 制度保障

制定配套的信息化使用规范及奖罚制度，保证信息化系统有效运行。

7. 持续改进

信息化是一个长期的系统工程，企业应保证持续的资金和人员投入，不断总结、创新、提升信息化系统，让信息化发挥更大的作用，更好地为企业服务。

监理企业信息化成功案例分享：广州轨道交通建设监理有限公司

1. 企业介绍

广州轨道交通建设监理有限公司（以下简称“公司”）是广州市地下铁道总公司下属子公司，是一家业务清晰、战略明确、法人治理、结构规范、资产管理合理、技术力量强大、管理科学的新型国有监理企业。

公司拥有市政公用工程监理甲级、房屋建筑工程监理甲级（及开展相应类别建设工程的项目管理、技术咨询等业务）等资质。业务贯穿于项目前期、招标、施工、竣工、结算及试运行等全过程，涵盖地铁土建、机电设备安装、装修、铺轨、车辆段、市政、房建工程监理以及设备采购服务、车辆监造、地铁保护、地保监控、视频监控、监理管理、项目管理、招标代理、技术咨询等多专业服务。

2. 信息化建设内容

公司信息化系统于 2012 年开始建设，按照“整体规划、分部实施”的方式开展，共分为 3 个阶段：

第一阶段（2012 年）：企业管理子系统

以企业运行制度为依托，设人力资源管理、行政管理、OA 文件、协同办公、后勤管理、财务管理、经营管理、成本管理、党群管理、系统管理等十多个二级子模块，各子模块根据业务特点及要求设立数百项三级子流程，以满足职能业务的日常工作需要。

第二阶段（2013 年）：工程监理、项目代建、招标代理等业务管理子系统

根据建设工程项目管理日益复杂化、大型化的发展趋势以及各地业主标准化、规范化、精细化的现实管理要求，以项目专业进行划分，设立房建、市政、地铁机电及装修、铺轨、电力隧道、车辆监造、项目管理、工程咨询、招标代理等轨道交通诸多专业子模块。依据国家及行业规范，将项目前期、中期、后期各工序整体设计，并根据各地规范标准、业主要求作局部调整，各专业工序模版齐全，自助式作业指导规范，可供业主、施工单位、监理单位、设计单位等工程单位协同办公。

第三阶段（2015 年），移动 APP 子系统

基于 SaaS 平台的监理企业移动办公系统无缝延伸，使用移动终端可以便捷实时处理项目、管理相关的审批、流转等工作，提高工作效率，组合碎片化时间，通过手机终端在移动无线网络下随时随地处理工作事务、查看企业重要信息等。

3. 信息化项目实施效果评估

1）提高管理品质

（1）实现跨区域的总公司、分公司、项目部的三级结构业务协调管理机制，满足跨区域项目作业需求，加快企业信息上行流和下行流的传递，改善信息反馈机制，增强企业内部的沟通与交流，这些直接影响着决策者的领导方式，使企业高层的决策和计划及时下达和有效执行，保持企业的整体性和凝聚力。

（2）实现生产管理专业化、标准化、精细化建设，提升企业经济效益和核心竞争力。

（3）实现资源有序地在各部室间形成共享，科学的、全生命周期的管理模式，优秀的项目管理经验，相关专业技术资料，项目进度、投资、质量、安全等各方面数据有效积累，形成企业知识管理系统，为企业经营决策和项目执行起到有效的支撑和借鉴作用。

2）监理良师益友

完成土建、机电、房建等将近 20 个工序模板制作，每一个工序节点均有详细工作指引，明确工序监理的重点要点，即便新手也能又好又快了解并胜任本职工作，从而提升公司整体业务水平和监理服务品质。

3）形成具有特色的企业文化

信息化提供企业内部信息交流平台，使企业员工培训成为成本低廉的教育活动，提高人力资本质量的作用，有利于形成企业内部文化的同质性，提升企业员工对企业的认知与趋同，促进企业员工整体素质的提高，构成企业文化创新的外部效应，最终促进企业形成具有自身特色的、有利于可持续发展的企业文化。

4. 信息化项目总结

企业之所以能成功地用信息化创新管理机制，并稳健地取得长足发展，首先归结于能正视企业的实际情况，有敢为人先的气魄，并有科学的战略思路，认准用信息化推动管理创新是提升企业竞争力的一种有效途径。实践证明，企业破除传统企业管理的思维定式，更新管理观念，积极应用现代化管理手段，努力解决先进的生产设备、优势的人才资源与落后的管理之间的矛盾，通过创新管理机制，实现资源的优势配置，推动企业发展的战略思想是对头的，做法是成功的，效果也是显著的。

近十二年的实践，使我们深刻地体会到，企业信息化，的确是一项艰巨复杂的系统工程，技术性强，开发难度大，必须思想上重视。在实践中，有以下五点体会：

1）企业领导对信息化建设与应用的高度重视，是信息化建设与应用实施的首要条件。信息化是现代化管理和高新技术紧密结合的系统工程，它对企业旧的传统管理方式是一次深刻的改变，这必然会带来很大冲击，没有企业领导的高度重视和支

持是不可能实施的。由于企业领导的高度重视和亲自参与，在资金、人力上给予大力地支持和保证，在管理上给予及时的协调和控制，使问题能及时得到解决，确保了工程的进展。

2）需求牵引，效益驱动，注重实效，是实施企业信息化的工作方针。在实施信息化建设前，认真对企业状况进行分析研究，针对最迫切的需求和各阶段的瓶颈问题，以效率优先为重点和突破口，不断坚定信息化工作全面展开和不断深化的信心。例如，针对公司急需解决项目过程管控，降低项目成本和物资管理的问题，我们及时研发了项目管理系统、成本管理系统和物资管理系统，这些系统投入运行后很快就见到了实效。

3）以我为主，内外结合，是实施企业信息化的有效途径。在与信息化建设过程中，企业人员必须自始至终参加到项目开发建设的每个环节，培养和锻炼自己的信息化人才，走“以我为主”的发展道路。这样，不仅能加快信息化建设的实施进度，而且还为系统后期的正常运行、修改完善以及进一步的应用开发奠定了良好的基础。

4）培养一支技术队伍，是实施信息化建设与应用的基础保证。现代企业离不开信息化建设与应用，信息化建设与应用离不开人，一支稳定的、高素质的信息化技术人员队伍，是企业发展高技术的基本条件。企业内部员工的培训和再教育将逐步成为企业重要的长期投资行为。公司的技术人员对本公司的实施情况、管理状况、使用需求了解更多，通过专家的培养和带领，可更快地掌握有关技术，可更好地配合软件以后的升级，更有利于工作的开展和今后的运作维护。

5）应用信息化建设与应用技术一定要从实际出发，从需求出发，切忌盲目攀比，盲目上马。先要对本企业的管理水平，管理现状进行分析，找出问题，然后进行总体规划，分步实施。如果不搞总体规划，很可能使企业内部各部门产生信息“孤岛”，最终无法进行信息的集成，一定要注意在信息集成优化的基础上，做到在正确的时刻，把正确的信息，以正确的方式，送给正确的人，以便作出正确的决策。要在总体规划的前提下，进行分步实施，抓住重点，力争边实施，边产生效益。

二、企业信息化促进技术服务创新

监理企业的核心产品是技术服务，技术服务创新是监理企业发展的不竭动力，也是企业保持竞争优势的源泉。企业技术服务创新的目的是通过这种途径使企业拥有自主知识产权，让竞争对手无法进行复制或复制难度很大的核心技术或核心能力，从而创造自己的核心业务产品，形成竞争优势，成为企业开拓市场的有力手段。监理企业技术服务创新能力直接决定着企业的市场竞争能力，企业有了较强的技术服务能力，才能提供既满足市场需求又满足业主要求的高技术含量和高质量的产品。

现阶段监理企业仍立足发展施工阶段监理业务，为业主提供现场施工监控服务，大中型监理企业已开始借助其自身的综合优势，转向产业高端，着眼于产业链条延伸，把工程监理咨询业务向工程前期和后期延伸，引入项目管理与施工监理一体化服务模式，对应承包商的项目法施工，组建类似于代业主的服务机构——项目管理团队，受业主委托，为工程项目提供全过程、全方位、一条龙的管理服务。

很多大型工程建设项目地域跨度越来越大，项目参与单位分布越来越广，项目信息成指数级增长，但工程项目管理的手段还较为落后，使用纸质文档、电话、传真、电子邮件、项目协调会等方式作为信息交换的手段，信息交流问题成为影响工程项目实施的主要问题，不仅容易造成信息沟通的延迟，而且大大增加了信息沟通的成本。

据国际有关文献资料介绍，建设工程项目实施过程中存在的诸多问题，其中三分之二与信息交流（信息沟通）的问题有关；建设工程项目10% ~ 33%的费用增加与信息交流存在的问题有关；在大型建设工程项目中，信息交流的问题导致工程变更和工程实施的错误约占工程总成本的3% ~ 5%。

信息化技术为工程项目管理提供了新的管理

手段，运用信息技术促进工程项目管理的优化升级是值得认真研究的，工程项目管理信息系统的开发和利用，对建筑工程项目过程实行信息化管理，通过信息的共享和互访，为项目参与人提供一个良好的协同工作环境，减少由于信息传递障碍造成的管理失误和决策失误，提高项目的整体经济效益和工作效率，增强业主的满意度。

工程项目管理信息化既是监理企业业务发展转型战略的一种选择，也是行业水平提升的一种表现，更是市场需求进化的一种必然。相信在政府和监理协会的大力支持和专业指导下，会有越来越多的监理企业结合行业特点和自身实际，针对不同的市场，通过不同的渠道，运用不同的方式，转型成为真正意义上的信息化时代的高技术企业。

“珠海港珠澳大桥口岸项目”信息管理平台案例分享

1. 项目介绍

港珠澳大桥珠海口岸工程作为目前亚洲最大的口岸，位于港珠澳大桥口岸人工岛北区，包括旅检区、珠海侧交通中心、交通连廊及口岸办公区、市政配套区，总建筑面积 50.23 万 m^2，总投资约为 59.67 亿元。项目业主为珠海格力港珠澳大桥珠海口岸建设管理有限公司，由广东华工工程建设监理有限公司承担项目管理和监理服务，由珠海世纪信通公司提供 C3/PM 建设项目管理信息平台，为项目提供全过程管理信息化服务。

现场问题快报

关联项目	港珠澳大桥珠海口岸工程
巡视说明	安全文明施工情况：基坑围护不符合规范
巡视部位	大临、桥梁工程
位置	广东省珠海市香洲区锦柠路556号[刷新位置][选择位置][显示地图]
接收人:	公路桥梁经办人
抄 送:	格力经办人

暂存　提交

2. 信息化应用成果展示

1）工作联系单：包含建设单位、施工单位、监理单位等工作联系单，支持线上流程审批、查阅；联系单传递效率高、责任明确、查阅方便、信息透明，安全隐患整改通知得到了跟踪和落实。

2）现场问题快报：监理员现场巡视可第一时间通过手机 APP 将相关事宜通过拍照、描述方式下达到相关施工单位和抄送业主。

3）施工进度计划：编制各施工标段专项进度计划，工作任务分解并明确责任单位、监管单位；

工作联系单（建设）　查询　新增　编辑　删除

编号　工程名称　主题概要

首页　上一页　下一页　末页　共 78 条记录 第 1/4 页 页大小 20 跳转到 1 Go

状态	查阅记录	编号	主题概要	附件	工程名称	经办人	主送	
未发送	0	ZHKA- ZT-G047	关于编写2015年工程总结和2016年的工作计划相关事...	(0)	港珠澳大桥珠海口岸工程	张娟娟	华工监理经办人，工程监理经办人，中建三局经办人，广西五建经办人，公路桥梁经办人	
未发送	0	ZHKA-ZT-G046	关于按照监理合同及招投标文件要求完善变更...	(0)	港珠澳大桥珠海口岸工程	梁卫能	华工监理经办人	
未发送	0	ZHKA-ZT-G045	关于设置混凝土搅拌车清洗工作区域相关事宜	(0)	港珠澳大桥珠海口岸工程	杨平平	中建三局经办人，广西五建经办人，公路桥梁经办人	华工
已发送	2	ZHKA-II -G005	关于交通中心西侧通道口封堵及回填场地保护...	(0)	港珠澳大桥珠海口岸工程	凌燮远	广西五建经办人	华工
已发送	2	ZHKAGC--III--G09	关于墩柱钢筋保护层的事宜	(0)	港珠澳大桥珠海口岸工程	卢军军	工程监理经办人	公路
已发送	1	ZHKAGC-III-G10	关于按投标文件增加检测设备的通知	(0)	港珠澳大桥珠海口岸工程	卢军军	工程监理经办人	
已发送	1	ZHKA-ZT-G043	工作联系单--关于加强控制受力钢筋混凝土保...	(0)	港珠澳大桥珠海口岸工程	何亦舟	华工监理经办人	
已发送	1	ZHKA-ZT-G044	关于按照投标文件要求增齐检测设备的事宜	(0)	港珠澳大桥珠海口岸工程	梁卫能	华工监理经办人	
已发送	2	ZHKAGC-III-G08	关于墩柱钢筋保护层的事宜	(0)	港珠澳大桥珠海口岸工程	卢军军	工程监理经办人	公路
已发送	1	ZHKAGC-III-G07	关于纠正施工单位擅自开展箱梁支架施工的通...	(0)	港珠澳大桥珠海口岸工程	卢军军	工程监理经办人	
已发送	2	ZHKAGC-III-G06	关于加强现场材料管理的通知	(0)	港珠澳大桥珠海口岸工程	卢军军	工程监理经办人	公路
已发送	2	ZHKAGC-III-G05	关于箱梁施工样板引路事宜	(0)	港珠澳大桥珠海口岸工程	卢军军	工程监理经办人	公路
已发送	1	ZHKA-ZT-G039	关于加强卫生间、景观水池等涉水降板区域施...	(0)	港珠澳大桥珠海口岸工程	何亦舟	华工监理经办人	
已发送	2	ZHKA-ZT-G042	关于交通中心二层8#板隐蔽工程质量问题	(0)	港珠澳大桥珠海口岸工程	何硕	华工监理经办人，广西五建经办人	
已发送	2	ZHKA-ZT-G041	关于落实对监理单位实行指纹考勤事宜	(0)	港珠澳大桥珠海口岸工程	郭子豪	华工监理经办人，工程监理经办人	
已发送	3	ZHKA-ZT-G040	关于未按要求对钢构件进行进场验收事宜	(0)	港珠澳大桥珠海口岸工程	沈永岭	华工监理经办人	中建
已发送	3	ZHKA-G-G05	关于钢结构构件未按要求进场验收事宜	(0)	港珠澳大桥珠海口岸工程	沈永岭	中建钢构经办人I标，中建钢构经办人II标	华工
已发送	2	ZHKA-ZT-G038	关于塔吊等起重机械操作安全相关事宜	(0)	港珠澳大桥珠海口岸工程	杨平平	中建三局经办人，广西五建经办人	华工
已发送	1	ZHKA-ZT-G037	关于对广东华工工程建设监理有限公司进行2...	(0)	港珠澳大桥珠海口岸工程	梁卫能	华工监理经办人	
已发送	4	ZHKA-ZT-G036	关于执行钢结构施工质量管控措施要求的事宜	(0)	港珠澳大桥珠海口岸工程	沈永岭	华工监理经办人	中建

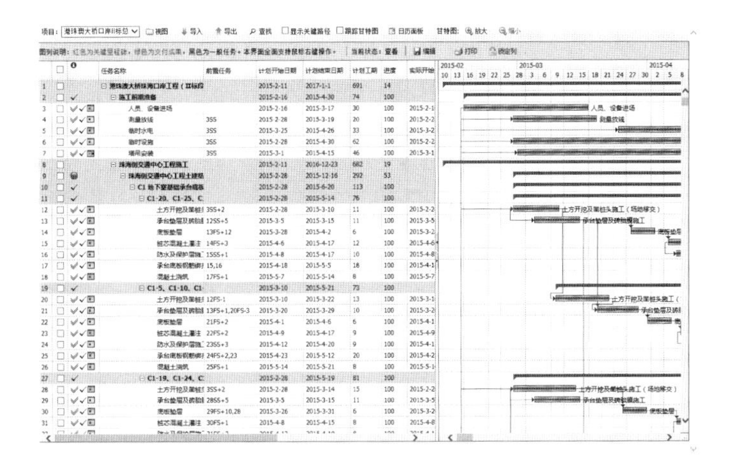

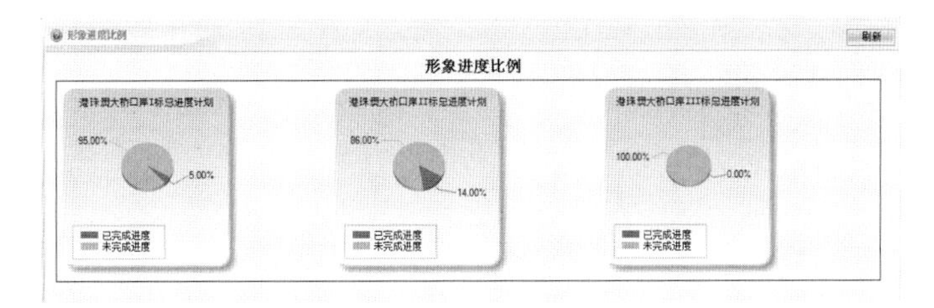

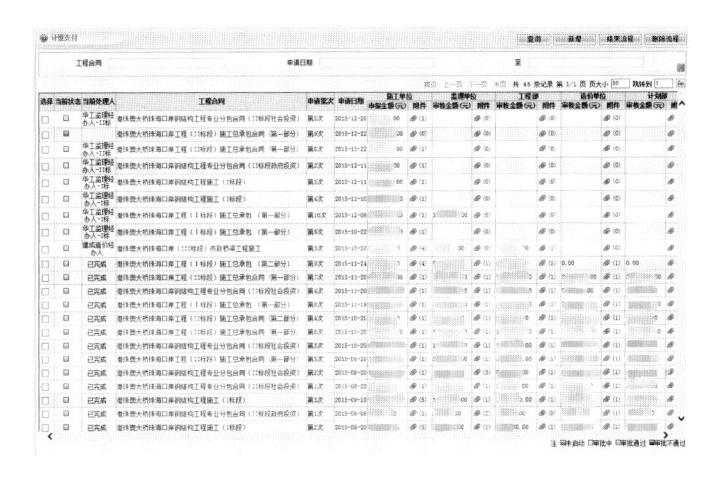

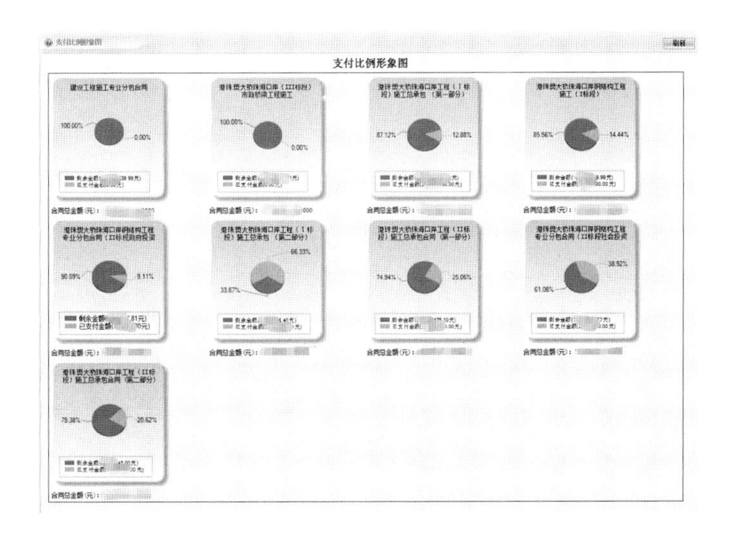

支持跟踪基准计划与跟踪甘特图，体现实际进度与计划的对比。

4）形象进度完成率：各施工标段每周定期上报实际完成情况，系统根据各施工总进度计划生成形象进度统计，及时掌握工程进度完成情况。

5）计量支付申请：各施工标段根据完成的工程量进行支付申请，上报监理、造价及业主审批。

6）形象支付完成率：根据审批通过的工程支付金额实时计算出各施工标段承包合同累计付款情况。

3. 信息化实施效果评估

根据建设单位及设计、施工、监理等单位职责的不同，C3PM平台分设了不同功能版块并结合手机APP应用，可远程、多单位同时操作，业务数据实时更新，实现工程项目“零距离”管理，以及工程联系单、现场问题快报、进度上报、计量支付申请审批流程的线上操作，支持手机APP流程审批推送通知，从而减轻了监理单位、施工单位烦琐的资料报送工作，通过广域网在异地远程查寻相关信息，可及时掌握最新数据信息，真正共享、方便、快捷、精准地达成项目管理、文档管理等管理目标。

其次，建立公共的信息管理平台，处在工程管理中的各部门、各管理者可将本身所有的信息资源不间断地发放到共享平台中，为今后工程相关资料的收集、整理工作提供有利的帮助。

关于举办首届“中国建设监理与咨询”有奖征文比赛的通知

为了适应国家行政体制改革步伐，促进建设监理行业健康发展，提高广大监理人员的技术与管理水平，由中国建设监理协会与《中国建设监理与咨询》编辑部共同发起并举办首届“中国建设监理与咨询”有奖征文比赛活动。

一、征文范围

立足监理行业发展，紧密结合工程建设实际，探讨监理与咨询的理论研究、政策研究、技术创新、学术研究和经验推介等。

二、征文对象

全行业广大监理工作者和行政管理、教学研究人员及其他与监理业务有关的各界人士。

三、征文要求

1. 征文要求主题鲜明，文笔流畅。

2. 字数以 4000~6000 字为宜，最多不超过 10000 字。

3. 已在正式期刊发表过的文章不在本次有奖征文范围内。

4. 所有征文必须系作者原创，不涉及保密，署名无争议，文责自负。一旦发现有剽窃、抄袭行为，将取消其参评资格。

四、征文评奖时间

1. 征文时间：自本通知刊登之日起至 2016 年 10 月 20 日。

2. 评奖结果公布时间：2016 年 12 月 20 日。

五、投稿方式

1. 征文采用电子邮件 E-mail 提交（主题表明“中国建设监理与咨询有奖征文”），请将论文电子版(.doc 文件)发到 zgjsjlxh@163.com，编辑部收到后将回复作者确认。

2. 邮件请注明撰稿人姓名、工作单位、通讯地址、邮政编码、联系电话。

六、奖项设置

一等奖 3 名，奖金 3000 元；

二等奖 8 名，奖金 1000 元；

三等奖 15 名，奖金 600 元；

纪念奖若干。

所有获奖者将获赠 2016 年《中国建设监理与咨询》全年刊物一套。

注：奖项可以空缺，以宁缺毋滥为原则。

七、组织与评奖办法

本次活动由《中国建设监理与咨询》编辑部组织实施，活动截止后，将组织有关专家进行评奖，适时在《中国建设监理与咨询》刊物及中国建设监理协会网站上公布评奖结果，并对获奖者颁发奖金及荣誉证书。

八、联系方式

联系单位：《中国建设监理与咨询》编辑部

联系人：孙璐

联系电话：010-68346832

九、其他

1. 本次征文活动，不收取任何费用。请参赛者自留底稿，恕不退稿。

2. 参赛作品将在《中国建设监理与咨询》刊物上择优刊登。

欢迎各协会、广大监理工作者及社会各界人士踊跃参加，为繁荣我国建设监理事业作出积极贡献。

中国建设监理协会

《中国建设监理与咨询》编辑部

2016 年 7 月 12 日

《中国建设监理与咨询》征稿启事

《中国建设监理与咨询》是中国建设监理协会与中国建筑工业出版社合作出版的连续出版物，侧重于监理与咨询的理论探讨、政策研究、技术创新、学术研究和经验推介，为广大监理企业和从业者提供信息交流的平台，宣传推广优秀企业和项目。

一、栏目设置：政策法规、行业动态、人物专访、监理论坛、项目管理与咨询、创新与研究、企业文化、人才培养。

二、投稿邮箱：zgjsjlxh@163.com，投稿时请务必注明联系电话和邮寄地址等内容。

三、投稿须知：

1. 来稿要求原创，主题明确、观点新颖、内容真实、论据可靠，图表规范，数据准确，文字简练通顺，层次清晰，标点符号规范。

2. 作者确保稿件的原创性，不一稿多投、不涉及保密、署名无争议，文责自负。本编辑部有权作内容层次、语言文字和编辑规范方面的删改。如不同意删改，请在投稿时特别说明。请作者自留底稿，恕不退稿。

3. 来稿按以下顺序表述：①题名；②作者（含合作者）姓名、单位；③摘要（300字以内）；④关键词（2~5个）；⑤正文；⑥参考文献。

4. 来稿以4000～6000字为宜，建议提供与文章内容相关的图片（JPG格式）。

5. 来稿经录用刊载后，即免费赠送作者当期《中国建设监理与咨询》一本。

本征稿启事长期有效，欢迎广大监理工作者和研究者积极投稿！

欢迎订阅《中国建设监理与咨询》

《中国建设监理与咨询》面向各级建设主管部门和监理企业的管理者和从业者，面向国内高校相关专业的专家学者和学生，以及其他关心我国监理事业改革和发展的人士。

《中国建设监理与咨询》内容主要包括监理相关法律法规及政策解读；监理企业管理发展经验介绍；和人才培养等热点、难点问题研讨；各类工程项目管理经验交流；监理理论研究及前沿技术介绍等。

《中国建设监理与咨询》征订单回执

订阅人信息	单位名称				
	详细地址			邮编	
	收件人			联系电话	
出版物信息	全年（6）期	每期（35）元	全年（210）元/套（含邮寄费用）	付款方式	银行汇款
订阅信息					
订阅自2016年1月至2016年12月，______套（共计6期/年） 付款金额合计￥______元。					
发票信息					
□我需要开具发票 发票抬头：______ 发票类型：一般增值税发票 发票寄送地址：□收刊地址 □其他地址 地址：______邮编：______ 收件人：______ 联系电话：______					
付款方式：请汇至“中国建筑书店有限责任公司”					
银行汇款 □ 户 名：中国建筑书店有限责任公司 开户行：中国建设银行北京甘家口支行 账 号：1100 1085 6000 5300 6825					

备注：为便于我们更好地为您服务，以上资料请您详细填写。汇款时请注明征订《中国建设监理与咨询》并请将征订单回执与汇款底单一并传真或发邮件至中国建设监理协会信息部，传真 010-68346832，邮箱 zgjsjlxh@163.com。

联系人：中国建设监理协会 王北卫 孙璐，电话：010-68346832。
中国建筑工业出版社 张幼平，电话：010-58337166。
中国建筑书店 电话：010-68324255（发票咨询）

《中国建设监理与咨询》协办单位

北京市建设监理协会
会长：李伟

中国铁道工程建设协会
副秘书长兼监理委员会主任：肖上潘

京兴国际工程管理有限公司
执行董事兼总经理：李明安

北京兴电国际工程管理有限公司
董事长兼总经理：张铁明

北京五环国际工程管理有限公司
总经理：李兵

中国水利水电建设工程咨询北京有限公司
总经理：孙晓博

鑫诚建设监理咨询有限公司
董事长：严弟勇　总经理：张国明

北京希达建设监理有限责任公司
总经理：黄强

山西省建设监理协会
会长：唐桂莲

山西省建设监理有限公司
董事长：田哲远

山西煤炭建设监理咨询公司
执行董事兼总经理：陈怀耀

山西和祥建通工程项目管理有限公司
执行董事：胡蕴　副总经理：段剑飞

太原理工大成工程有限公司
董事长：周晋华

山西省煤炭建设监理有限公司
总经理：苏锁成

山西震益工程建设监理有限公司
董事长：黄官狮

山西神剑建设监理有限公司
董事长：林群

山西共达建设工程项目管理有限公司
总经理：王京民

晋中市正元建设监理有限公司
执行董事兼总经理：李志涌

运城市金苑工程监理有限公司
董事长：卢尚武

沈阳市工程监理咨询有限公司
董事长：王光友

大连大保建设管理有限公司
董事长：张建东　总经理：柯洪清

吉林梦溪工程管理有限公司
总经理：张惠兵

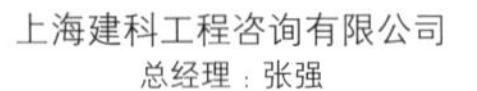

上海建科工程咨询有限公司
总经理：张强

上海振华工程咨询有限公司
总经理：徐跃东

江苏誉达工程项目管理有限公司
董事长：李泉

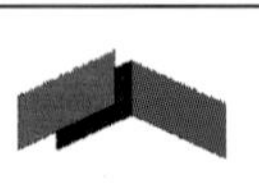

连云港市建设监理有限公司
董事长兼总经理：谢永庆

江苏赛华建设监理有限公司
董事长：王成武

南通中房工程建设监理有限公司
董事长：于志义

浙江省建设工程监理管理协会
副会长兼秘书长：章钟

浙江江南工程管理股份有限公司
董事长总经理：李建军

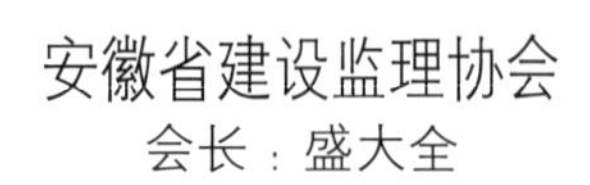
安徽省建设监理协会
会长：盛大全

合肥工大建设监理有限责任公司
总经理：王章虎

山东同力建设项目管理有限公司
董事长：许继文

煤炭工业济南设计研究院有限公司
总经理：秦佳之

厦门海投建设监理咨询有限公司
总经理：陈仲超

驿涛项目管理有限公司
董事长：叶华阳

《中国建设监理与咨询》协办单位

河南省建设监理协会
会长：陈海勤

郑州中兴工程监理有限公司
执行董事兼总经理：李振文

河南建达工程建设监理公司
总经理：蒋晓东

河南清鸿建设咨询有限公司
董事长：贾铁军

河南建基工程管理有限公司
总经理：黄春晓

郑州基业工程监理有限公司
董事长：潘彬

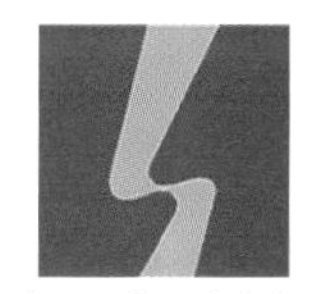
武汉华胜工程建设科技有限公司
董事长：汪成庆

长沙华星建设监理有限公司
总经理：胡志荣

深圳市监理工程师协会
会长：方向辉

广东工程建设监理有限公司
总经理：毕德峰

广东华工工程建设监理有限公司
总经理：杨小珊

重庆赛迪工程咨询有限公司
董事长兼总经理：冉鹏

重庆联盛建设项目管理有限公司
总经理：雷开贵

重庆华兴工程咨询有限公司
董事长：胡明健

重庆正信建设监理有限公司
董事长：程辉汉

四川二滩国际工程咨询有限责任公司
董事长：赵雄飞

贵州省建设监理协会
会长：杨国华

贵州建工监理咨询有限公司
总经理：张勤

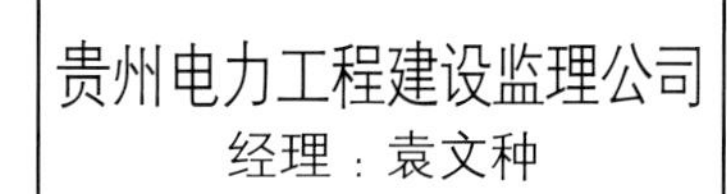
贵州电力工程建设监理公司
经理：袁文种

云南新迪建设咨询监理有限公司
董事长兼总经理：杨丽

云南国开建设监理咨询有限公司
执行董事兼总经理：张葆华

高新监理
GAO'XIN PROJECT MANAGEMENT
西安高新建设监理有限责任公司
董事长兼总经理：范中东

西安铁一院
工程咨询监理有限责任公司
XI' AN ENGINEERING CONSULTANCY&SUPERVISION CO.,LTD FSDI
中国铁建
西安铁一院工程咨询监理有限责任公司
总经理：杨南辉

西安普迈项目管理有限公司
董事长：王斌

西安四方建设监理有限责任公司
董事长：史勇忠

华春建设工程项目管理有限责任公司
董事长：王勇

陕西华茂建设监理咨询有限公司
总经理：阎平

新疆昆仑工程监理有限责任公司
总经理：曹志勇

河南省万安工程建设监理有限公司
董事长：郑俊杰

重庆林鸥监理咨询有限公司
总经理：肖波

湖南省建设监理协会
常务副会长兼秘书长：屠名瑚

新疆天麒工程项目管理咨询有限责任公司
董事长：吕天军

中船重工海鑫工程管理（北京）有限公司
总经理：栾继强

WANG TAT
广州宏达工程顾问有限公司
广州宏达工程顾问有限公司
总经理：伍忠民

北京市建设监理协会

北京市建设监理协会成立于1996年，是经北京市民政局核准注册登记的非盈利社会法人单位，由北京市住房和城乡建设委员会为业务领导，并由北京市社团办监督管理，现有会员230家。

协会的宗旨是：坚持党的领导和社会主义制度，发展社会主义市场经济，推动建设监理事业的发展，提高工程建设水平，沟通政府与会员单位之间的联系，反映监理企业的诉求，为政府部门决策提供咨询，为首都工程建设服务。

协会的基本任务是：研究、探讨建设监理行业在经济建设中的地位、作用以及发展的方针政策；协助政府主管部门大力推动监理工作的制度化、规范化和标准化，引导会员遵守国法行规；组织交流推广建设监理的先进经验，举办有关的技术培训和加强国内外同行业间的技术交流；维护会员的合法权益，并提供有力的法律支援，走民主自律、自我发展、自成实体的道路。

北京市建设监理协会下设办公室、信息部、培训部等部门，“北京市西城区建设监理培训学校”是培训部的社会办学资格，北京市建设监理协会创新研究院是大型监理企业自愿组成的研发机构。

北京市建设监理协会开展的主要工作包括：

协助政府起草文件、调查研究，做好管理工作；

参加国家、行业、地方标准修订工作；

参与有关建设工程监理立法研究等内容的课题；

反映企业诉求，维护企业合法权利；

开展多种形式的调研活动；

组织召开常务理事、理事、会员工作会议，研究决定行业内重大事项；

开展“诚信监理企业评定”及“北京市监理行业先进”的评比工作；

开展行业内各类人才培训工作；

开展各项公益活动；

开展党支部及工会的各项活动。

北京市建设监理协会在各级领导及广大会员单位支持下，做了大量工作，取得了较好成绩。

协会将以良好的精神面貌，踏实的工作作风，戒骄戒躁，继续发挥桥梁纽带作用，带领广大会员单位团结进取，勇于创新，为首都建设事业不断做出新贡献。

地　址：北京市西城区长椿街西里七号院东楼二层

邮　编：100053

电　话：（010）83121086　83124323

邮　箱：bcpma@126.com

网　址：www.bcpma.org.cn

北京市2015年建设工程监理工作会

北京市建设监理协会五届三次理事工作会议

北京市建设监理协会举办监理人员培训班

北京市建设监理协会2014年大型公益讲座

北京市建设监理协会爱心助学活动

安徽省建设监理协会

安徽省建设监理协会成立于1996年9月，在中国建设监理协会、省住建厅、省民管局、省民间组织联合会的关怀与支持下，通过全体会员单位的共同努力，围绕“维权、服务、协调、自律”四大职能，积极主动开展活动，取得了一定成效。协会现有会员单位259家，理事100人，会长、副会长、秘书长共14人，秘书处工作人员6人。秘书处下设有办公室（信息部）、培训咨询部、财务部。

近二十年来协会坚持民主办会，做好双向服务，发挥助手、桥梁纽带作用，主动承担和完成政府主管部门和上级协会交办的工作。深入地市和企业调研，及时传达贯彻国家有关法律、法规、规范、标准等，并将存在的问题及时向行政主管部门反映，帮助处理行业内各会员单位遇到的困难和问题，竭诚为会员服务，积极为会员单位维权。

通过协会工作人员共同努力，各项工作一步一个台阶，不断完善各项管理制度，在规范管理上下功夫。积极做好协调工作，狠抓行业诚信自律。同省外兄弟协会、企业沟通交流，开展各项活动，提升行业整体素质。

在经济新常态及行业深化改革的大背景下，我会按照建筑业转型升级的总体部署，进一步深化改革，促进企业转型，加快企业发展，为推进我省有条件的监理企业向项目管理转型提供有力的支持。

2015年荣获安徽省第四届省属“百优社会组织”称号；2016年安徽省建设监理协会被安徽省民政厅评为4A级中国社会组织。

新时期、新形势，监理行业面临着不断变化的新情况、新难题。因此不断改革创新、转变工作思路已经成为一种新常态，这既是对监理行业的挑战，同时也给监理企业的发展提供了新契机。协会将充分发挥企业与政府间的桥梁纽带作用，不断增强行业凝聚力，加强协会自身建设，提高协会工作水平，为监理行业的发展做出新的贡献。

安徽省建设监理协会第四次会员大会

会上颁发“安徽省建设监理行业30强企业”铜牌

安徽省建设监理协会召开部分会员单位负责人座谈会

中南五省建设监理协会联谊会在安徽黄山召开

山西共达建设工程项目管理有限公司

SHANXIGONGDACONSTRUCTIONPROJECTMANAGEMENT CO.,LTD.

山西共达建设工程项目管理有限公司（原名山西共达工程建设监理有限公司）成立于2000年3月，注册资金500万元，是一家具有独立法人资格的经济实体。公司现具备房屋建筑工程监理甲级、市政公用工程监理甲级、公路工程监理乙级、机电安装工程监理乙级及招标代理、人防工程乙级资质、环境监理资质、工程项目管理等多项资质，并已通过ISO9001质量管理体系认证。公司现为山西省建设监理协会常务理事单位、山西招标投标协会会员单位、《建设监理》理事会理事单位、山西省民防协会理事单位、太原市政府“职业教育实习实训基地”。

公司下设综合办公室、总工办公室、经营开发部、项目管理部、设计部、招标代理部、财务部、人力资源部。经过多年的发展，公司凝聚了一批专业技术人才，现公司具有国家各类执业资格人员111人次，其中国家注册监理工程师58人，注册造价工程师12人，注册一级建造师20人、人民防空工程监理工程师15人、环境监理工程师6人；具有各专业高级职称人员35人，中级职称人员260余人，省级注册监理工程师220人。

公司领导在狠抓经济效益的同时也注重党政建设，“中共山西共达项目管理公司支部”，现有党员30余人。

公司以重信誉、讲效率、求发展为己任，奉守“团结、高效、敬业、进取”的企业精神，认真履行并完成项目合同的各项条款，坚决维护业主和各相关方的合法权益，力争达到“合同履约率100%，顾客满意度100%”的质量目标。多年来公司先后承接并完成了300多项大中型房屋建筑工程及市政工程建设项目，其中山西省妇联高层住宅楼、太原市建民通用电控成套有限公司职工住宅楼荣获“结构样板工程”称号；孝义市人员检察院技侦大楼荣获“优良工程”称号和“汾水杯”称号。公司将“干一项工程，树一块牌子”的理念贯彻到每一位员工，多年来，公司所完成的项目赢得了社会各界的好评，多年连续被评为“山西省先进监理企业”。

在深化改革的浪潮中，公司领导与时俱进，发挥公司的资源优势和市场优势，开创工程项目管理、项目代建市场，取得突破性进展，明确了公司转型升级的方向。公司领导坚持“强化队伍建设，规范服务程序，在竞争中崛起，在发展中壮大”的经营方针，以全新的服务理念面向业主、依托业主、服务业主，把新的项目管理思想、理论、方法、手段应用到工程建设中。

山西共达建设工程项目管理有限公司诚挚地以诚信、科学、优质的服务与你共创宏伟蓝图。

地　址：太原市杏花岭区敦化南路127号嘉隆商务中心四层
电　话：0351-4425309
传　真：0351-4425586
邮　编：030013
负责人：王京民
网　址：www.sxgdgs.com
邮　箱：sxgdjl@163.com

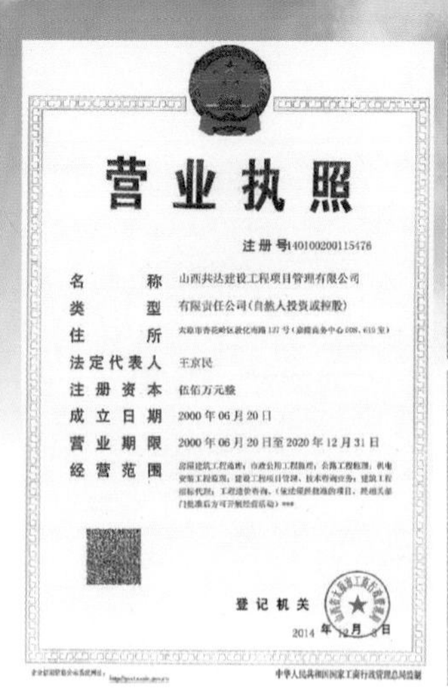

营业执照

名　称　山西共达建设工程项目管理有限公司
类　型　有限责任公司（自然人投资或控股）
法定代表人　王京民
注册资本　伍佰万元整
成立日期　2000年06月20日
营业期限　2000年06月20日至2020年12月31日
登记机关

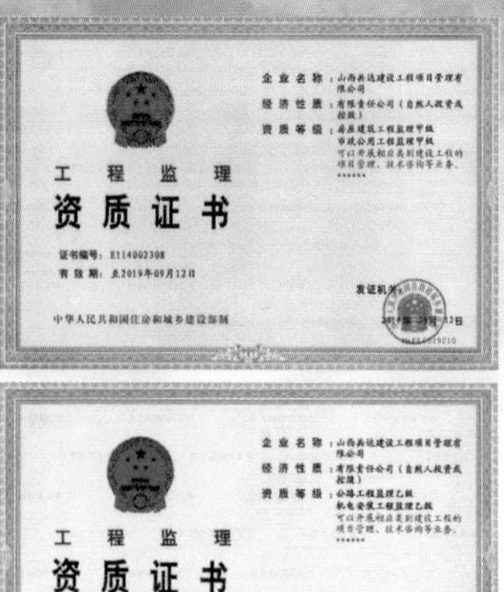

工程监理
资质证书

山西省环境监理
备案证书

人民防空工程建设监理单位
资质等级证书
山西共达建设工程项目管理有限公司　经审查核定为
乙　级监理单位，特发此证书

恒大未来城

御祥苑

北美金港项目－夜景

背景：北美金港项目－日景

大连地铁项目

富河 220 变电站工程

长兴岛道路市政工程

代建制项目 – 伊新（大连）物流中心工程

国贸大厦（380m）

海创大厦（160m）

挪威投资代建制项目 – 大连迪日坤船舶用品有限公司新建工程

双 D 国际产业大厦

中广核义县 20MWp 光伏农业大棚发电项目

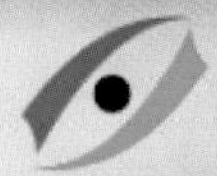

山西煤炭建设监理咨询公司

SHANXI COAL DEVELOPMENT SUPERVISION&CONSULTANCY

山西煤炭建设监理咨询公司成立于1991年4月，注册资金为300万元人民币，是中国建设监理协会、中国煤炭建设协会、山西省建设监理协会、山西省煤矿建设协会、山西省招投标协会等多家协会的会员单位，是中国煤炭建设协会指定的建设项目技术咨询和人员培训基地。

公司具有矿山、房屋建筑、市政公用、电力工程监理甲级资质，拥有公路监理乙级资质和人防工程监理丙级资质。执业范围涵盖矿山、房屋建筑、电力、市政、公路等工程类别。公司通过了中质协质量、环境、职业健康安全管理体系认证。

公司设有综合办公室、计划财务部、安全质量管理中心、市场开发部4个职能部门，5个专业分公司和10个地市分公司以及112个现场工程监理部。公司现有员工676人，国家注册监理工程师70人，国家注册造价工程师3人，国家注册设备监理师15人，国家注册安全工程师4人，国家注册一级建造师4人，中级以上职称人员448人。

公司自成立以来，严格遵照国家、行业及山西省有关工程建设的法律法规，依据批准的工程项目建设文件、工程监理合同及监理标准，运用技术、经济、法律等手段从事工程建设监理活动。始终坚持“干一项工程，树一座丰碑，交一方朋友，赢一片市场”的发展理念，认真贯彻“规范监理、一丝不苟、高效优质、竭诚服务、持续改进、业主满意”的质量方针，把工作质量摆在首位，为加快工程建设速度，提高工程建设质量和建设水平发挥了积极作用。

二十多年来，公司承接完成了矿山、房屋建筑工程、电力以及市政、公路等项目工程700余项，监理项目投资额累计达到1700亿元。所监理项目工程的合同履约率达100%，工程质量合格率达100%，未发生因监理责任造成的安全质量事故。

公司先后4次获得全国建设监理先进单位；连续多次获得山西省工程监理先进企业；6次获得煤炭行业优秀监理企业；7次获得省煤炭工业厅（局）煤炭基本建设系统先进企业；4次获得山西省煤炭建设行业优秀监理企业。

公司所监理的工程中，5个工程获得中国建筑工程“鲁班奖”（国家优质工程）奖项；23个工程获得煤炭行业优质工程奖；23个工程获得煤炭行业“太阳杯”奖；7个工程获得山西省优良工程奖；4个工程获得山西省“汾水杯”奖；2009年10月，公司承接监理的山西晋煤（集团）寺河矿井项目荣获中国建筑业协会联合十一家行业建设协会共同评选出的“新中国成立60周年百项经典暨精品工程”；3个监理部荣获煤炭行业“双十佳”监理部，2个监理部的工作总结与施工监理细则荣获煤炭行业优秀监理工作成果，2个工程监理部被山西省建设协会评为2014年度“诚实守信项目监理部”。

二十多年不平凡的发展历程，二十多年的努力拼搏，造就了公司今日的辉煌，更夯实了公司发展的基础。我们将继续本着“守法、诚信、公正、科学”的行为准则，竭诚为社会各界提供更为优质的服务。

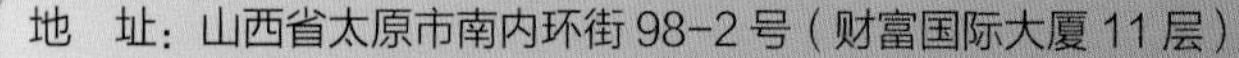

地　址：山西省太原市南内环街98-2号（财富国际大厦11层）
电　话：0351-7896606
传　真：0351-7896660
联系人：杨慧
邮　编：030012
邮　箱：sxmtjlzx@163.com

晋城煤业集团科技大楼

晋城煤业集团寺河矿井

李雅庄热电厂

梅花井煤矿

山西高河能源有限公司矿区

山西焦煤办公大楼

山西煤炭进出口公司职工集资住宅楼

屯留煤矿主井

塔山办公楼

塔山煤矿

太原煤气化集团煤矸石热电厂

屯留煤矿110kV变电站二

中国石油四川石化千万吨炼化一体化工程项目

新疆独山子千万吨炼油及百万吨乙烯

神华包头煤化工有限公司煤制稀烃分离装置

辽宁华锦化工集团乙烯原料改扩建工程

中石油广西石化千万吨炼油项目

湖南销售公司长沙油库项目

尼日尔津德尔炼厂全景

澜沧江三管中缅油气管道及云南成品油管道工程

吉化 24 万吨污水处理场

吉林石化数据中心

吉林经济开发区道路

吉林梦溪工程管理有限公司

吉林梦溪工程管理有限公司是中国石油集团东北炼化工程有限公司全资子公司。前身为吉林工程建设监理公司，成立于 1992 年，是中国最早组建的监理企业之一。

公司拥有工程监理综合资质和设备监造甲级资质，形成了以工程项目管理为主，以工程监理为核心、带动设备监造等其它板块快速发展的“三足鼎立”的业务格局。同时，公司招标代理资质于 2014 年 9 月经吉林省住房和城乡建设厅核准为工程招标代理机构暂定级资质。

公司市场基本覆盖了中石油炼化板块各地区石化公司，并遍及中石油外石油化工、煤化工、冶金化工、粮食加工、军工等国有大型企业集团，形成了项目管理项目、油田地面项目、管道项目、炼化项目、国际项目、煤化工项目、油品储备项目、检修项目、设备监造项目、市政项目等 10 大业务板块。

公司市场遍布全国 25 个省市，70 多个城市，并走出国门。

公司迄今共承担项目 1100 余项，项目投资 2000 多亿元，公司共荣获 7 项国家级和 56 项省部级优质工程奖。

公司先后荣获全国先进工程建设监理单位，中国集团公司工程建设优秀企业，吉林省质量管理先进企业，中国建设监理创新发展 20 年工程监理先进企业等荣誉称号。

公司拥有配备齐全的专业技术人员和复合型管理人员构成的高素质人才队伍。拥有专业技术人员 900 余人，其中具有中高级专业技术职称人员 447 人，持有国家级各类执业资格证书的 273 人，持有省级、行业各类执业资格证书的 882 人，涉及工艺、机械设备、自动化仪表、电气、无损检测、给排水、采暖通风、测量、道路桥梁、工业与民用建筑以及设计管理、采购管理、投资管理等十几个专业。

公司掌握了科学的项目管理技术和方法，拥有完善的项目管理体系文件，先进的项目管理软件，自主研发了具有企业特色的项目管理、工程监理、设备监理工作指导文件，建立了内容丰富的信息数据库，能够实现工程项目管理的科学化、信息化和标准化。

公司秉承“以真诚服务取信，靠科学管理发展”的经营宗旨，坚持以石油化工为基础，跨行业、多领域经营，正在向着国内一流的工程项目管理公司迈进。

公司坚持以人为本，以特色企业文化促进企业和员工共同发展，通过完善薪酬分配政策、实施员工福利康健计划等，不断强化企业的幸福健康文化，大大增强了企业的凝聚力和向心力，公司涌现出了以中国监理大师王庆国为代表的国家级、中油级、省市级先进典型 80 余人次，彰显了梦溪品牌的价值。

上海国际航空服务中心

上海中心

中国博览会会展综合体

中国馆

临港皇冠假日

温州奥体中心

上海建科工程咨询有限公司

国有企业

上海建科工程咨询有限公司是上海市建筑科学研究院（集团）有限公司下属的国有控股公司，隶属上海国资委。公司从事的经营业务范围包括工程咨询、项目管理、工程监理、造价咨询和招投标代理等，资质等级为工程监理综合资质，工程咨询甲级、工程设备监理甲级、工程招标代理甲级、工程造价咨询甲级、人防工程甲级、文物保护乙级、政府采购中介资质甲级、高新技术企业。通过依托上海、面向全国的服务宗旨，先后在上海和全国20多个省市开展项目监理和咨询管理，树立了一流企业品牌。

创新发展

公司自1987年开始为海仑宾馆提供监理服务，是上海市建委指定的第一批建设工程监理的试点单位，1993年10月经建设部批准为全国首批甲级监理单位。公司国家注册监理工程师超过300人、国家注册咨询工程师（投资）24名、国家注册造价工程师58名、英国特许建造师14名、英国皇家特许工料测量师5人、国家一级注册建造师66名、上海市注册工程师（招标）32名、工程设备监理工程师65名、人防监理工程师29人、文物保护工程师42人。公司注重科研开发，承担了上海市重大工程建设中许多科研课题的研究，是上海市高新技术企业。正是这样一群高学历精英团队，让公司实力倍增。成立至今，公司承接工程项目达3500多项，工程总投资约7000亿元人民币。公司产值近十亿，连年在住建部的行业排名中名列第一。所服务的工程获得众多奖项，其中国家鲁班奖39项，国家优质工程银奖17项，詹天佑奖18项，全国市政金杯示范工程2项，中国建筑工程钢结构金奖3项，国家建筑工程装饰奖10余项；上海市市政金奖30项，上海市白玉兰奖200多项，上海市优质结构奖190项，上海市金钢奖特等奖20项。

严格管理

公司管理体系健全，对驻现场监理项目部执行规范化、标准化、科学化工作程序，进行了ISO9001:2000国际贯标体系工作，通过认证机构的审核后获得了中国质量体系认证CNAR证书及英国皇家认可委员会的UKAS证书。公司合同信用等级为AAA级，资信等级为AAA级。公司多次被评为全国先进建设监理单位，上海市立功竞赛优秀公司、金杯公司；并被评为建设部抗震救灾先进集体、全国建设监理行业抗震救灾先进企业、全国建设工程咨询监理服务客户满意十佳单位，另还获其他各类集体荣誉几十项。

重庆正信建设监理有限公司

重庆正信建设监理有限公司成立于1999年10月，注册资金为600万元人民币，资质为房屋建筑工程监理甲级、化工石油工程监理乙级、市政公用工程监理乙级、机电安装工程监理乙级，监理业务范围主要在重庆市、四川省、贵州省和云南省。

公司在册员工160余人，其中国家注册监理工程师36人，重庆市监理工程师70余人，注册造价工程师5人，一级建筑师1人，一级注册建造师10人，注册安全工程师3人。人员专业配套齐备，人才结构合理。

公司获奖工程：公安部四川消防科研综合楼获得成都市优质结构工程奖；重庆远祖桥小学主教学楼获得重庆市三峡杯优质结构工程奖；展运电子厂房获得重庆市三峡杯安装工程优质奖等。重点项目：黔江区图书馆、公安部四川消防科研综合楼、北汽银翔微车30万辆生产线厂房、渝北商会大厦、单轨科研综合楼、展运电子厂房、龙湖兰湖时光、龙湖郦江等龙湖地产项目，以及爱加西西里、龙德四季新城等。工程质量合格，无重大质量安全事故发生，业主投诉率为零，业主满意率为百分之百，监理履约率为百分之百，服务承诺百分之百落实。

公司已建立健全了现代企业管理制度，有健康的自我发展激励机制和良好的企业文化。公司的"渝正信"商标获得重庆市著名商标，说明监理服务质量长期稳定、信誉良好。监理工作已形成科学的、规范化的、程序化的监理模式，现已按照《质量管理体系》GB/T 19001-2008、《环境管理体系》GB/T 24001-2004/ISO14001 ：2004、《职业健康安全管理体系》GB/T 28001-2011/OHSAS 18001 ：2011三个标准开展监理工作，严格按照"科学管理、遵纪守法、行为规范、信守合同、业主满意、社会放心"的准则执业。

地　址：重庆市江北区洋河花园66号5-4
电　话：023-67855329
传　真：023-67702209
邮　编：400020
网　址：www.cqzxjl.com

四川消防科研楼工程

北汽银翔

渝北商会大厦

爱加西西里

龙湖郦江

郑州基业工程监理有限公司

郑州基业工程监理有限公司创立于2002年，从事工程监理、招标代理、造价咨询、建设工程项目管理、技术咨询等业务，公司现有房屋建筑工程监理甲级、市政公用工程监理甲级、人防工程监理、工程招标代理、造价咨询资质和建设工程司法鉴定业务，是河南省建设监理协会理事单位，河南省信用建设示范单位。

人力资源：公司工程管理实力雄厚，拥有一支长期从事大中型工程建设、经验丰富、熟悉政策法规、专业齐全、年富力强的专业技术团队。公司现有员工400余人，教授级高级工程师3人，高级工程师26人，工程师200人，助理工程师120人，技术员51人。其中国家注册监理工程师50人，注册造价师12人，注册一级建造师12人，注册安全工程师6人，注册结构工程师2人，省级专业监理工程师150人，监理员118人，其他技术人员50人。实现了全员持证上岗，并有多名员工获得省、市级的荣誉奖励。

组织机构及管理制度：公司实行董事会领导下的总经理负责制，公司机构设置包括领导管理层、技术专家委员会、经营管理中心、招标代理中心、造价咨询中心、财务管理中心、工程管理中心、综合办公室、人力资源中心、项目督查考核组等职能管理部门，各单项工程实行项目经理或总监理工程师负责制，实行强矩阵的组织机构管理模式。根据守法、诚信、公平、科学的原则建立质量保证体系和一系列规章制度，使管理工作科学化、制度化、规范化。定期贯彻实行项目部督查和监理工作回访制度，为业主提供满意的服务。

标准化管理：公司发展过程中逐渐形成了一套自己标准化的管理体系，组织编写了《员工手册》、《作业指导书》、《作业工作标准》、《项目资料归档标准》等企业规范性文件，除此之外，取得了质量管理体系、环境管理体系、职业健康安全管理体系认证证书。公司引进和辅助开发了适合企业管理特色的OA办公自动化系统，该系统协同公司管理层和项目部实现同步信息共享，极大的提高了公司综合管理水平。

业务涉及领域：公司重视自身建设，强化内部管理，坚持开拓创新和高标准咨询服务，业务已遍布全省及国内部分省市，提供服务的项目类型包括住宅、商务办公楼、酒店宾馆、科技园区、工业厂区、市政道路及绿化、农田水利、基础设施、学校、医院等。合同履约率100%，工程质量合格率100%，客户服务质量满意率98%，且所承接项目获得业主的充分肯定、得到行业主管部门的高度认可，并多次荣获“省、市先进监理企业”“省安全文明工地”、“中州杯”、“省优质工程”等奖项。

服务宗旨：在建设项目实施过程中，坚持“守法、诚信、公平、科学”的方针；坚持“严格监理、保持公平、热情服务”的基本原则，为业主提供优质的技术咨询服务，维护各方的利益，通过严格的监控、科学的管理、合理的组织协调，从而实现合同规定的各项目标，为工程项目业主提供全过程、全方位的工程管理咨询服务。

地　址：河南省郑州市金水区纬五路12号河南合作大厦B座16楼
电　话：0371—53381156、53381157
传　真：0371—86231713
网　址：www.hnjiye.com
邮　箱：zzjy_jl@163.com

河南大中原物流港

公安业务技术大楼

鹤壁新区朝歌文化公园

兰考高铁站

中原金融产业园

郑州师范学院科研信息楼、大礼堂

郑州市中医院病房综合楼

郑州市热力总公司枣庄热源厂

豫东综合物流集聚区聚九路

焦作市第二污水处理厂